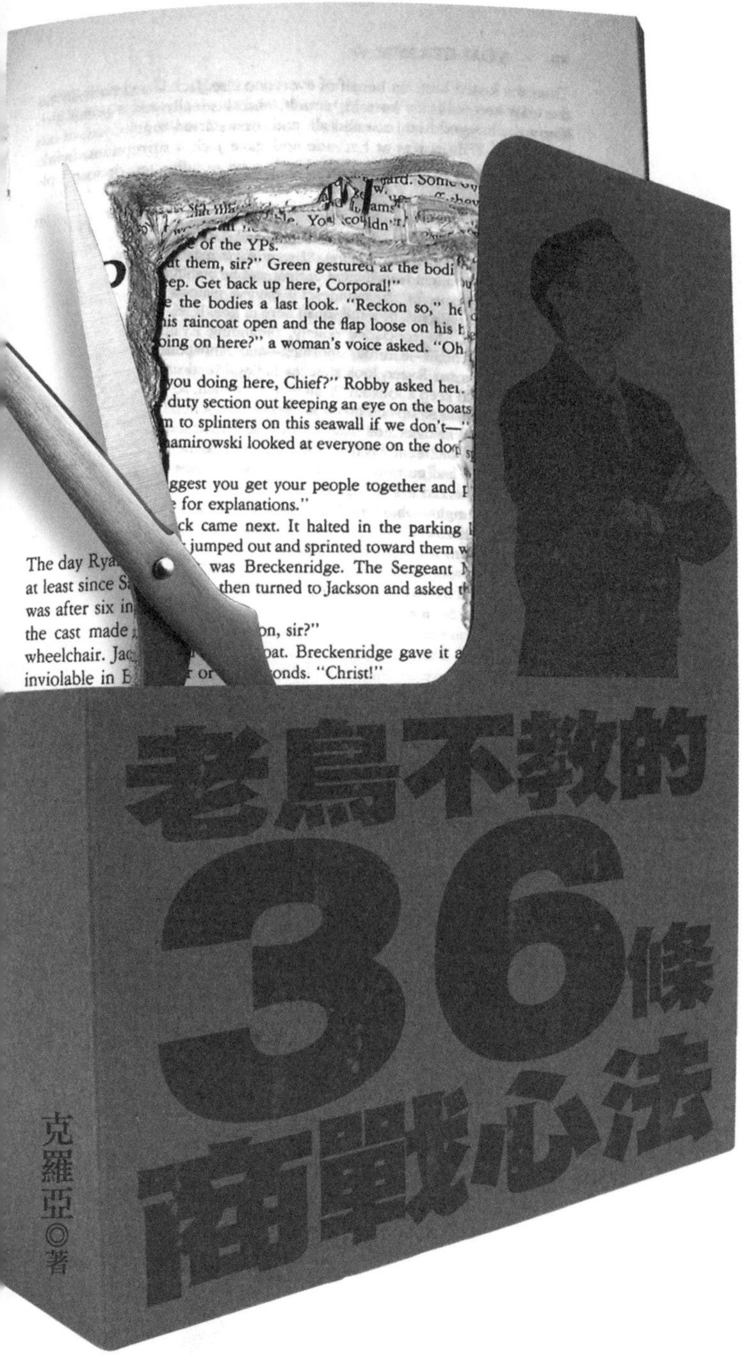
老鳥不教的
36條
商戰心法
克羅亞◎著

編輯室報告

近年來，經濟學家發現，資本不再是主導經濟發展的力量，知識的運用與創新才是經濟成長的動力。因此，以知識爲基礎的經濟體系於焉形成，這是繼工業革命之後另一個全球性的經濟大變革。

知識經濟是指「以知識的生產、傳遞、應用爲主的經濟體系」。在知識經濟體系下，新的觀念與新的科技快速往前推進，你跟上時代了嗎？你找到自己的位置了嗎？你的競爭力足夠嗎？

知識經濟並不僅存在於知識分子，也不是只在高科技產業中才看得到，個人和企業若是具備改革和創新的能力，也就是具備有效的利用資訊來創造價值的能力，便是在實踐知識經濟。

不管是個人或企業，善用知識經濟的力量，可以達到創新、提高附加價值、降低成本、提升競爭力，進而創造個人價值或企業發展的新高峰。

在這個全新的時代裡，每個人都擁有無數的機會，成功的故事隨時都在上演，只要願意善用頭腦發現創意，明日，你就是人生舞台上眾人矚目的閃亮明星。

自序

當今的商業化社會，是一個競爭激烈的社會，在這裡既有你死我活的拼殺，也有勾心鬥角的算計；有貌合神離的握手言和，也有波譎雲詭的反覆無常，這一切都是因爲利益而起。

人生是一門藝術，商場中的人生更是如此。商業化就像一枚放大鏡，把人性之間的爭鬥和妥協、欺騙和隱瞞、恐嚇和引誘……放大於眾人面前。在這種情況下，商場如戰場，無聲的戰火和無形的硝煙擺弄著人們上演一場又一場的成敗爭奪戰。《三十六計》是永恒的智慧和經典的手段，在商業戰場上發揮無比巨大的作用。

本書教你如何在商戰中趨利避害，是透心徹骨的引導感悟，是貫穿一生的醍醐灌頂。它教你如何辦事精明過人、交際八面玲瓏、事業決勝千里、前程光輝似錦。

本書是一具顯微鏡，把兵法的高明之處放大展示在讀者面前，一一剖析歷史智慧的關鍵點，將商戰中的藝術演繹成一部部逼眞的短劇，使讀者身歷其境。本書設法將讀、思、學融爲一爐，潛心體悟、悉心鍛鍊的你一定能夠脫胎換骨，在商戰中神機妙算，無往不勝。

CONTENTS

CONTENTS

勝戰計

風雲變幻通天際

博弈競爭，人之大事，主宰禍福，關乎存亡
政治法度，天時地利，人氣自然，可窺天意
組織精神，首腦能力，天地人境，可辯大勢
規律客觀，萬物辨證，利弊權衡，自在清醒
有利則行，無利則止，不勝不出，不能勿戰
同心統意，勝利之基，辨其根本，在乎實力
知勝求打，知勢開打，知人可打，不知勿打
知情一半，勝不過半，知己知彼，百戰不殆

第一計　瞞天過海

兵法

備周則意怠，常見則不疑。陰在陽之內，不在陽之對。太陽，太陰。

當防備得十分周密的時候，往往容易鬆懈大意；平時看習慣的，可能就不會去懷疑。秘密的詭計隱藏在公開行動中，而不是和公開行動相違背，非常明顯的事物總是隱藏在極機密的事情中。

歷史故事

貞觀十七年，唐太宗李世民親率三十萬大軍，御駕親征東土高麗。一路上人馬浩浩蕩蕩，不久來到大海邊。李世民看見眼前大海茫茫，無邊無際，擔心難以渡過，於是向手下將領徵求計策，一時之間，將領們也是面面相覷，不知如何是好。就在這時，小兵薛仁貴提出了一條計策……

當唐太宗正在發愁的時候，突然一富翁前來，說要向皇帝獻上妙計。唐太宗

大喜，急忙詢問。可是這位富翁卻突然話題一轉，表示自己已經準備好了上等酒菜，想請皇帝前往享用。李世民大喜，帶領手下一起來到了富麗堂皇、奢侈無比的「大房子」裡，坐定之後，只聽鼓樂齊奏，又見美女獻舞，高興之餘，唐太宗把過海的事拋到腦後，和手下推杯問盞，歡宴起來。

正在酒酣耳熱的時候，唐太宗突然聽到周圍波濤聲，急忙命人掀起帷幔，卻發現自己正在大海上航行，只見四面碧海無涯，大軍已然在大海上平穩航行。驚訝之下，太宗忙問到底是怎麼回事。這時，薛仁貴上前回答說：「陛下，這是在下使的過海之計，眼看我們就要靠岸了。」太宗大悅，急命嘉獎，薛仁貴也由此成爲一員大將。這就是「瞞天過海」的由來。

從兵法上來說，「瞞天過海」屬於一種示假隱眞的疑兵之計，主要是透過僞裝來麻痺敵人，讓對方放鬆警惕，待時機成熟時突然發起攻擊，以達到出其不意、攻其不備的目的，最終取得戰鬥勝利。

每個人都有自己的盲點，也就是自己看不到的地方，對那些已經習以爲常的事疏忽大意，這些地方正是其脆弱的罩門，想徹底攻破敵人防線，將對方擊垮，就要由此入手。

「瞞天過海」的關鍵在於「瞞」，也就是首先讓對方麻痹大意，而整個計策的佈署也就集中在如何隱瞞對方，讓對方無法識破自己的眞正動機。在現實生活中，善於瞞天過海的人常常被認爲是「說一套，做的又是另一套」。讓人誤會他們的眞正目的，結果就在不知不覺間中了他們的圈套。

商戰奇謀

「瞞天過海」如今已經成爲現代商戰的一個常用手段，很多西方的商業巨頭都曾經採用過「瞞天過海」的戰術來打敗對手，達到自己的目的。媒體大王默多克就曾經在與英國印刷工人談判的時候，使用過「瞞天過海」之計。

對於以報紙發行爲主要業務的默多克來說，報紙是他最重要的生命線，報紙的印刷一日不可停，否則就會造成重大的損失。英國的報紙印刷工會看準了這一點，向他提出要「增加工資」、「提高福利」等多項要求，企圖以此強迫默多克屈服。

馳騁商場多年的默多克豈能輕易讓步，可是報紙必須每天印下去，一天都不能停，怎麼辦呢？默多克開始與印刷工人針對工資待遇等問題進行「認眞」的談

判。談判過程中，默多克用計，讓工會代表以爲他一定會做出讓步，自以爲勝利在望而鬆懈心防，回到工廠繼續工作，以保證報紙上市。

可是另一方面，默多克卻暗地佈局，從美國偷偷運來當時世界領先的印刷機器，並秘密招聘了一群印刷工人，對他們進行培訓，教他們使用新式的印刷機器，並悄悄地印刷一批報紙上市……

與此同時，和工會的談判還在進行當中，只是默多克的態度開始變得越來越強硬，工人們這才覺得有些不對勁，就是不明白問題出在哪裡？

很快的，答案揭曉了。默多克突然宣佈取消談判，將印刷地點轉移到倫敦附近的韋平地區，並將所有印刷工會的工人解雇，言語之間，絲毫沒有商議的餘地。

就這樣，精明的默多克用一招「瞞天過海」打敗了印刷工會，在著名的「韋平戰役」中大獲全勝。

綜觀這場鬥爭，默多克致勝的關鍵在於，他讓工會相信自己一定會做出讓步，與此同時，他卻又秘密佈局，不讓工會知道自己正在設立新的工廠。可見，如果隱瞞的技巧不足，不能讓對方相信的話，想要瞞天過海的一方很可能會弄巧成拙，功虧一簣。

「瞞天過海」的計策在市場行銷的過程中應用得尤其廣泛，很多公司透過贈送用戶一些小恩惠的方式來掩蓋自己的眞實意圖。據說，在牙膏銷售不景氣的時候，美國的牙膏業就在價格不變的情況下換了更美觀的包裝，吸引人們紛紛購買。事實上，這種新包裝牙膏的管口直徑被稍稍加大了一些，目的就在於悄悄增加牙膏的消耗量，結果消費者果然在不知不覺間消耗了大量的牙膏，牙膏廠商的利潤便滾滾而來。

破解之道

兵法上講：「備周則意怠，常見則不疑。陰在陽之內，不在陽之對。太陽，太陰。」用我們今天的話來說，其大意是講，防備得過於周密的時候，人的意志反而會鬆懈，而對那些經常見到的事，就不會產生懷疑；陰陽之間可以相互轉換，陰與陽是相合，而不是對立的。

前面說過，「瞞天過海」的關鍵在於「瞞」，也就是不讓對方瞭解自己的眞正意圖，在表面動作之下做眞實文章。所以破解「瞞」字，不要爲對方表面的假動

作所矇蔽，要學會識破對方的眞實意圖。

那麼，如何做到這一點呢？關鍵就在於把握事情的前因後果。無論對方發動什麼的策略，他必定有著一定的目的。商人一定要賺錢，敵人一定要攻城，這是毫無疑問的，如果正在交鋒的時候，一方突然採取了背離主題的活動，比如說薛仁貴突然請唐太宗飲酒、默多克突然和顏悅色的和工人談判，或者牙膏廠商突然在毫無原由的情況下換了更美觀的包裝，那就說明這一方必定是正在醞釀某種計畫，這時你還是小心爲上吧！

想一想，最近與商業對手競爭的過程當中，對方是否採取了一些讓你感到不明就裡的動作呢？如果是，建議你仔細想一想，「他到底在圖謀什麼」？

第二計　圍魏救趙

兵法

攻敵不如分敵，敵陽不如敵陰。

進攻敵人兵力集結的部位，不如去攻打敵人兵力分散的部位；攻擊敵軍的精銳部位，不如攻擊敵人的薄弱部位。打擊兵力集中強大的敵人，就應當分散敵人的兵力；正面進攻，不如向它空虛的後方做迂迴出擊。

歷史故事

西元前三五四年，魏國的魏惠王派大將軍龐涓率領八萬大軍向趙國都城邯鄲發動攻擊。駐守邯鄲的趙國軍隊嚴防死守，頂住了魏國軍隊一次又一次進攻，就這樣，攻防之間，魏趙兩軍僵持了一年之久。在這一年，雙方軍隊都承受莫大的消耗，處於筋疲力盡的狀態。

就在這個時候，趙國的國王向自己的盟友——齊國的國君，發了一封求救

信，希望對方能派軍隊前來參戰，解救邯鄲被圍困的局面。收到求救信之後，齊威王馬上命令田忌擔任大將、孫臏爲軍師，率領八萬軍隊前去援救趙國。

軍隊才出發，前方便傳來報告，說邯鄲已經被魏軍攻破，於是田忌馬上命令軍隊直接殺向邯鄲，從背後攻擊魏軍。軍師孫臏則有不同的觀點，他認爲，要想排解紛爭，首先就不應該參與紛爭，要想解除趙國受困的處境，齊軍就不應該採取圍困魏軍的辦法。他出人意料地提出了「圍魏救趙」的計策，建議田忌率領軍隊攻打魏國都城大梁，田忌接受了孫臏的建議，揮師大梁。

果然，聽到大梁被圍困的消息之後，龐涓慌了手腳，馬上命令一部分士兵坐守邯鄲，自己率領另一部分士兵火速回師救急。幾天奔波之後，龐涓和他率領的部隊終於趕到了桂陵，大隊隊伍人睏馬乏、疲憊不堪，這時卻突然傳來齊國軍隊已經撤退的消息，魏國軍隊不禁鬆懈下來，可是他萬萬沒有想到，就在這個時候，孫臏已經率領部隊做好埋伏，準備以逸待勞，出其不意進攻龐涓。

這次大戰的結果可想而知，魏軍被打得落花流水，龐涓也被擒獲，成了齊軍的階下囚。齊軍接著掉轉方向，直逼大梁，魏國國君被迫談和，將邯鄲歸還給趙國。

就這樣，孫臏透過「圍魏救趙」的策略不僅爲趙國奪回了邯鄲，還大敗魏軍，迫使魏軍講和，最終取得了一箭雙鵰的成果。

孫臏與龐涓鬥智鬥勇，最終之所以能取得勝利，關鍵在於兩點：第一，他沒有直接攻打圍困邯鄲的魏軍，也就是說，他避開了敵人的主力，可以想見，如果孫臏當初沒有做出這樣的決定，勝負尚且不說，即使他最終在邯鄲城外打敗了龐涓，自己也必將遭受重大的損失；第二，孫臏算定，在聽到大梁被圍的消息之後，龐涓必定回兵大梁，不僅如此，他還會將兵力一分爲二，把一部分人馬留在邯鄲。

所以，「圍魏救趙」的核心在於一個「分」字，即，設法分散敵人的兵力，最終達到各個擊破的目的。在圍魏救趙的過程中，施計的一方要設法將對方的注意力從當前的最主要問題分散開來，然後趁對方一心二用的時候，將其一舉擊敗。

商戰奇謀

在現代商業戰場上，透過「圍魏救趙」的方式贏得勝利的例子很多，尤其是

在企業間進行談判的過程中，「圍魏救趙」更是一種常見的做法。

一部講述華爾街投資家的電影，就出現過「圍魏救趙」的案例。

倫德是一家投資公司的老闆，他精明過人，爲了達到目的可以不擇手段，多年的商場征戰不僅爲他帶來龐大的身家財富，還爲他積累了豐富的收購經驗，許多人都相信，凡是被倫德看上的公司，最終都難逃被他收購的命運。可是有家玩具設計公司似乎就要打破這個神話。

一九八四年夏天，倫德看上一家小型玩具設計公司，它擁有一流的設計人才，而且在業界具有良好的口碑，可是它的老闆溫特最近突然迷戀上電腦軟體業，並準備註冊成立一家軟體公司，專門開發圖形設計軟體。如此一來，他根本無暇管理玩具公司，因此準備出售玩具公司，底價爲五千五百萬美元。

其實按照當時的市價，五千五百萬美元並不是很高的價格，很快的，倫德就注意到這家公司，並開始與溫特接洽，準備收購這家玩具公司。

經過一番接洽之後，倫德爲這家公司出價五千萬美元，並滿懷信心的等著溫特首肯。可是讓他大感意外的是，溫特雖然不太懂得經營，卻是個非常固執的人，他堅持五千五百萬美元的價格，一分錢也不能少。怎麼辦呢？就在這時，精明的倫德得到了溫特創立新公司的構想，於是心生一計……三天之後，溫特送來了簽字的合約書，同意把自己的玩具公司以五千萬美元的價格賣給倫德。

倫德是怎麼辦到的呢？

原來，當他知道溫特正忙於籌備新公司，並準備開發一套圖形軟體之後，他馬上召開了一場小型的記者招待會，向記者們介紹了溫特公司準備開發的這種新圖形設計軟體的特點。倫德告訴記者自己也正在開發這種軟體，不僅如此，他還宣稱，自己的開發工作目前已經接近尾聲，只剩下最後一個關鍵技術問題沒有解決。可是另一方面，他卻又告訴記者，由於自己對軟體行業並不熟悉，所以他並不準備在軟體業進行過於深入的發展；而他其實對玩具設計行業非常感興趣，所以如果測試成功的話，他就準備在適當的時候把這套軟體的專利權轉讓出去。

在得知這一消息之後，溫特馬上找到倫德，表示願意把自己的玩具設計公司按照五千萬美元的價格賣給對方，條件只有一個，就是把這套圖形軟體的技術轉讓給自己。倫德考慮了一下，表示勉強同意，就這樣，倫德用五千萬美元如願買到了玩具設計公司。當然，當溫特之後再找倫德談論設計軟體專利轉讓的時候，卻被倫德以「技術問題沒有解決，軟體發展被迫放棄」爲由搪塞了過去。

很明顯的，倫德就是使了一招「圍魏救趙」，他透過宣佈轉讓軟體專利的方式，分散了溫特的注意力，最終按照自己的價格買到了想要的公司，用一場記者招待會爲自己省下了五百萬美元，這實在是一筆划算的交易。

破解之道

圍魏救趙的原理就在於「其進攻敵方兵力結集的部位，不如打擊敵人兵力分散的部位；攻擊敵軍強大的前方，不如攻擊敵人空虛的後方。」因此可見，對於施計的一方來說，要想成功轉移對方的注意力，首先就應該找出對方的脆弱之處；也就是說，要找出對方的要害處。比如，在孫臏與龐涓的戰爭中，龐涓的陰弱部位就是大梁，而在倫德與溫特談判的過程中，溫特的要害處就是圖形設計軟體專利。

而對於另一方來說，要想破解「圍魏救趙」的計策，關鍵在於兩點：第一，要把注意力集中在當前最重要的問題上面；第二，要事先採取措施，保護好自己的脆弱之處。

如果龐涓能夠事先考慮好大梁的防禦工事，並在孫臏圍困大梁，企圖轉移自己注意力的時候不爲所動，先穩固對邯鄲的控制，然後在適當的情況下回兵大梁，與大梁的守軍內外夾攻的話，料想孫臏很可能會一敗塗地。

可見，要想破解「圍魏救趙」的計策，關鍵在遇到問題的時候把握住重點，將注意力集中在當前最重要的問題上面。

第三計　借刀殺人

兵法

敵已明，友未定，引友殺敵，不自出力，以「損」推演。

敵方已經明確，而盟友的態度還未明朗，要誘使盟友去消滅敵人，不必自己付出代價，這是根據「損」卦推演而來。

歷史故事

借刀殺人，是爲了保存自己的實力而巧妙利用矛盾的謀略。當敵方動向已明，就千方百計誘導態度曖昧的友方迅速出兵攻擊敵方，自己的主力即可避免遭受損失。

春秋末年，諸侯割據，爲了爭奪霸主的位置，彼此連年征戰。當時齊國的國君是齊簡公，爲了打敗魯國，進一步鞏固自己的霸主地位，他任命國書爲大將軍，帶領軍隊攻打魯國，一時間，大隊人馬浩浩蕩蕩，殺赴魯國。

就當時的情況而言，魯國遠遠不是齊國的對手，形勢危急，只得向孔子的弟子子貢求助建議。子貢認眞分析了當時的形勢，認爲從各國的實力來看，唯一能夠和齊國相抗衡的國家就是吳國，因此他決定借用吳國的兵力來挫齊國軍隊。

問題是吳國並不準備攻打齊國，而齊國正忙於攻打魯國，也沒有心思考慮對吳國開戰，在這種情況下，怎麼讓吳國和齊國成爲敵人，並且立即刀兵相向呢？子貢想出了一個辦法。

幾天之後，子貢來到齊國，晉見當時齊國的宰相田常。田常正密謀奪權篡位，急欲剷除異己。在見到田常以後，子貢直截了當說明了自己的來意，勸說田常應立即發兵，攻打吳國。田常問他原因，他說道：「常言道『憂在外者攻其弱，憂在內者攻其強』，大將軍要想成就霸業，當上齊國的國君，就一定要首先建立自己的功勳，這樣才能贏得百姓的愛戴。如果國書大將軍打敗了魯國，威望就會大增，這對您將非常不利。」

看到田常已經開始動心，子貢接著說道：「但問題是，魯國本身就是一個很弱小的國家，所以將軍您若能打敗像吳國這樣強大的國家，整個齊國的百姓都會把注意力轉移到您的身上，自然就不會去關心國書，到那個時候，您就可以找個

機會除去國書了。」

田常心動，於是問子貢：「你的建議確實不錯，可是我們一直在準備攻打魯國，如果這時突然改攻吳國的話，恐怕師出無名啊？」子貢立即說道：「這事好辦。我馬上去勸說吳國救魯伐齊，這不是就有了攻吳的理由了嗎？」田常高興地同意了。於是子貢急忙趕到吳國，對吳王夫差說：「如果齊國攻下魯國，勢力會大大增強，他們的下一個進攻目標肯定就是吳國。大王不如先下手爲強，聯魯攻齊，吳國不就可抗衡強晉，成就霸業了嗎？如果您願意攻打齊國的話，我可以建議趙王派兵助您！」

說服吳王夫差之後，子貢又馬不停蹄趕往趙國，說服趙王派兵隨吳伐齊，這於是更加堅定了吳王攻打齊國的決心。就這樣，在先後遊說了三個國家之後，子貢終於一手促成齊國和吳國兩個大國之間的一場爭鬥。

西元前四八四年，吳王夫差親自掛帥，率十萬精兵攻打齊國，魯國立即派兵助戰。混戰之中，齊軍中了吳軍誘敵之計，陷於重圍，齊師大敗，主帥國書以及幾員大將死於亂軍之中，齊國只得請罪求和。吳王夫差大獲全勝。

就這樣，子貢充分利用齊、吳兩國的矛盾，巧妙周旋，借吳國之刀，殺了齊國的野心。並使魯國以微小的代價，避免了一場浩劫。

另一則故事更說明借刀殺人高明之處：

努爾哈赤父子親率十數萬滿兵進犯明朝，聲勢浩大，銳不可擋。明天啓六年，努爾哈赤親自率部攻打寧遠，以十三萬之衆圍攻寧遠守兵萬餘人。十三比一，力量懸殊。寧遠守將袁崇煥身先士卒，奮勇抗敵，擊退滿兵三次大規模進攻。明軍的奮勇抵抗，力挫驕橫的滿兵。袁崇煥乘滿軍氣餒之時，開城反攻，追殺數十里，擊傷努爾哈赤，滿軍慘敗。努爾哈赤遭此敗績，身體負傷，攻佔明朝的壯志難酬，羞愧憤懣而死。皇太極繼位，第二年，又率師攻打遼定。袁崇煥早有準備，皇太極又兵敗而回。

再經過幾年的準備，皇太極二度攻打明朝。崇禎二年，他爲避開袁崇煥守地，由內蒙越長城，攻山海關的後方，氣勢洶洶，長驅而入。袁崇煥聞報，立即率部入京勤王，日夜兼程，比滿兵早三天抵達京城的廣渠門外，做好迎敵準備。滿兵剛到，即遭迎頭痛擊，滿兵先鋒巴添狼狽而逃。

皇太極視袁崇煥爲從未有過的勁敵，又忌又恨為了除掉袁崇煥，絞盡腦汁，設下借刀殺人之計。他深知崇禎帝猜忌心特重，難以容人。於是秘密派人用重金

賄賂明廷的宦官，向崇禎告密，說袁崇煥已和滿洲訂下密約，故此滿兵才有可能深入內地。崇禎勃然大怒，將袁崇煥下獄問罪，並不顧將士吏民的請求，將袁崇煥斬首。皇太極借崇禎之刀，除掉心腹之患，從此肆無忌憚，明朝再也沒有人擱得住他了。

商戰奇謀

二〇〇〇年四月二十四日，中國大陸海南養生堂公司宣稱，經實驗證明純水對健康無益，「農夫山泉」從此不再生產純水。

養生堂透過浙江大學生物醫學工程學院博士白海波主持的「水生命」課題組，對動物、植物細胞做的一系列實驗研究，證實天然水中含有的鉀、鈉、鈣、鎂等離子對維持生命的正常生長極爲重要，而純水與之遠遠不能相比。因此，養生堂宣佈，本著爲消費者健康負責的態度，從此以後不再生產純水。

養生堂先是自行向媒體宣佈自己的決定，並在中央電視台黃金時段播放自己宣佈停止生產純水的廣告，繼而在電視上播出新的廣告片，訴求自己的產品特色，同時興建設備先進的水廠……

由於中國大陸的生活飲用水存在著管網和二次供水輸送過程的污染問題，城市居民對於包裝飲用水的需求年年增長。一份資料顯示，中國瓶裝水總銷售量在去年已達到二十九億升，躍居亞洲第二。國內飲用水市場三巨頭之中，娃哈哈和樂百氏均已和法國達能合資，三國鼎立的局面已演變成二對一，孤軍奮戰的農夫山泉毅然退出純水市場，巧妙地把戰略退出和戰術的進攻結合起來，化被動的防守爲主動的進攻，重創了競爭對手的純水。

養生堂公司直至一九九八年上半年，還在從事純水的生產銷售，放棄純水市場的競爭，眞正目的是推出新產品「農夫山泉天然水」。

雖然停止純淨水的生產會對企業帶來一定的損失，但原本該公司的純水佔有市場並不十分理想，捨掉純水市場，集中全力進軍天然水市場也算是揚長避短，而對於「農夫山泉」來說，爭奪國內天然水第一把交椅顯然容易得多；其次，可充分利用自己已有的資源：資源之一即水源；早在一九九六年，該公司即與當地政府簽署合約，享有千島湖二十年獨家開發權；資源之二，即投下鉅資興建的兩個設備先進的水廠。且不說純水與天然水之爭會有何結果，農夫山泉的「天然」態度已是昭然天下，這可是花多少廣告費也買不來的效果。

農夫山泉借學者的水實驗挑戰娃哈哈、樂百氏，借博士研究成果證明「純淨水有害」，行借刀殺人之術。而「科學權威」，也可以是公信單位的檢驗結果、政府部門的法規等等。

破解之道

「借刀殺人」這一計，並不是一定要用刀，也不一定要殺人，更不是一定要取人性命，而是指善於利用外部力量來達到自己的目的。借刀殺人者，不需自己赤膊上陣，不需消耗自己的實力，更不會招致殺人兇手的罪名，眞可謂絕頂聰明。

在歷史和現實中，不僅陰險小人借刀殺人，即使是心懷坦蕩的君子，在特定的情況下，也會借刀殺人。因此，無論是曹操，還是諸葛亮，借刀殺人之計都被他們玩弄於股掌之中。

因此，作爲「借刀」的一方，一定要懂得將外部力量和敵人之間的矛盾掌握得恰如其分，這樣才能收到很好的效果。就像皇太極巧妙利用明朝力量消滅自己的敵人袁崇煥，他首先要瞭解明朝宮廷內部與袁崇煥之間的矛盾，並且製造各種假象，讓明朝宮廷相信袁崇煥私下和滿洲訂立密約，製造兩者之間的矛盾，皇太極便可坐收漁翁之利。

身爲可能受到攻擊的一方，要避免自己被外部力量威脅，一定要做到明察秋毫，及早識破對方的陰謀詭計，這需要對自己周圍可能會被敵人利用的外部力量有所警惕，既提防又拉攏，使其與自己對抗的可能性大大降低。如果袁崇煥平時沒有和朝廷的某些官員積累仇怨，並且對朝廷的迫害有所防備的話，他和朝廷之間就不會有難解的矛盾，也不會在毫無防備下就被人暗算。

因此可見，借刀殺人必須是在對方處於大意的情況下，最容易得逞。這時候「借刀」可以說是神不知鬼不覺，「殺人」也是無聲無息。破解之法就是讓對方無刀可借，或者是有刀難借。

第四計　以逸待勞

兵法

困敵之勢，不以戰；損剛益柔。

損耗敵人的勢力，不需使用武力；消耗了敵方剛強之勢，我方的力量自然就會增強。

歷史故事

戰國末年，秦國爲了統一七國完成霸業，派出了一位名叫李信的少年將軍攻打楚國。李信率領二十萬大軍，揮師南下。剛開始，秦國軍隊士氣高漲，一連攻下好幾座城池。可是沒過多長時間，李信就中了楚國大將項燕的埋伏，丟盔棄甲，狼狽而逃，秦軍也因此損失了好幾萬人馬。

李信兵敗之後，秦王不得不重新起用秦國的另一位名將，當時已經告老還鄉的王翦。接到命令之後，王翦馬上率領六十萬軍隊，在楚國邊境擺開陣勢，準備一舉殲滅楚國。楚軍方面也毫不示弱，立即派重兵趕到邊境，準備與敵人決一死戰，雙方氣勢洶洶，一場惡戰一觸即發。

可是讓楚國人感到奇怪的是，對方的老將王翦似乎並不準備馬上發動進攻，相反的，當楚國軍隊已經下定決心，準備死戰的時候，王翦卻毫無行動，只是指揮士兵們專心修築城池，擺出堅守的姿態。就這樣，雙方陷入了一場前後僵持一年多的持久戰。

王翦在軍中鼓勵將士加強鍛鍊，注意休息，吃飽喝足，養精蓄銳。結果秦軍將士個個精神抖擻，精力充沛，可謂兵強馬壯，士氣高昂。而另一方面呢？由於這一年多的時間裡，楚軍始終保持高度緊張，每日草木皆兵，將士們的鬥志早已消耗殆盡，而且開始誤信秦軍屯兵邊境只是爲了防守，而無意攻打楚國。楚軍因此漸漸向東撤退。

就在這時，王翦見時機已到，立即下令大隊人馬全力攻楚！一時間，秦軍將士人人如猛虎下山，向楚軍撲了過去，經過一年休整的秦兵個個鬥志昂揚，奮不顧身，殺得楚軍兵潰不成軍。秦軍乘勝追擊，於西元前二二三年滅掉了楚國。

此計要使敵方處於困頓局面，不一定只用進攻之法。關鍵在於掌握主動權，

待機而行，以不變應萬變，以靜制動，創造戰機，不讓敵人主導自己，而要設法牽著敵人的鼻子走。所以，不可把以逸待勞的「待」字理解爲消極被動的等待。

另一則故事更說明以逸待勞，等待時機的妙處：

三國時，吳國殺了關羽，劉備怒不可遏，親自率領七十萬大軍伐吳。蜀軍從長江上游順流進擊，居高臨下，勢如破竹。舉兵東下連勝十餘陣，銳氣正盛，直至深入吳國腹地五、六百里。孫權命青年將領陸遜爲大都督，率五萬人迎戰。陸遜深諳兵法，正確分析了形勢，認爲劉備銳氣始盛，並且居高臨下，吳軍難以進攻。於是決定實行戰略退卻，以觀其變。吳軍完全撤出山地，蜀軍在五、六百里的山地一帶便難以展開，反而處於被動地位，欲戰不能，兵疲意阻。相持半年，蜀軍鬥志鬆懈。

陸遜看到蜀軍戰線綿延數百里，首尾難顧，在山林安營紮寨，犯了兵家之忌。時機成熟，陸遜下令全面反攻，打得蜀軍措手不及。陸遜一把火，燒毀蜀軍七百里連營，蜀軍大亂，傷亡慘重，慌忙撤退。陸遜因而創造了戰爭史上以少勝多、後發制人的著名戰例。

英國尤尼利佛公司經理柯爾在企業經營中，有一則基本的信條，即「不拘於體面，而以相互利益爲前提」。依據這一信條，他在企業經營和商場談判中常常採用退讓策略。在一定情況下，甘願妥協退步，以贏得時機發展自己，結果是退一步，進兩步，實質上還是獲益。

尤尼利佛公司在非洲東海岸早就設有大規模的非洲子公司，那裡有豐富的肥料，適合栽培食用油原料落花生。這是尤尼利佛公司的一塊寶地，也是其主要財源之一。

第二次世界大戰結束後，隨著非洲民族獨立運動的興起和發展，尤尼利佛公司這些肥沃的落花生栽培地一塊塊被非洲國家沒收，使公司面臨極大的危機。

面對險惡形勢，柯爾對非洲子公司發出了六條指令：

第一、非洲各地所有子公司系統的首席經理人員，迅速採用非洲人。

第二、取消黑人與白人的工資差異，實行同工同酬。

第三、在尼日設立幹部培訓所，培養非洲人幹部。

第四、採取互相受益的政策。

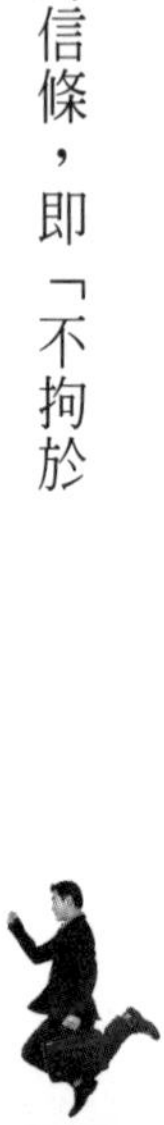

第五、逐步尋求生存之道。

第六、不拘體面問題，應以創造最大利益爲要務。

柯爾在與加納政府的交涉中，爲了表示尊重對方的利益，主動把自己的栽培地提供給加納政府，從而獲得加納政府的好感。後來，爲了報答他，加納指定尤尼利佛公司爲加納政府食用油原料買賣的代理人，這使柯爾在加納獨佔專利權。在與幾內亞政府的交涉中，柯爾自行撤走公司，他的坦誠態度使幾內亞受到感動，因而允許柯爾的公司留在幾內亞。在與其他幾個國家的交涉裏，柯爾也都採用了退讓政策，而使公司平安度過了難關。

在商場上，必要的退讓可以換來更大的利益，一味咄咄逼人則有可能使你陷入死巷。當然，退讓策略的運用，既要適時，又要得體，一定要充分掌握對方的心理活動，使自己有必勝的信心，同時，要對自己控制局勢的能力有正確估計，萬不可不分時機地濫用。

先發制人是戰爭與競爭的一般定律，而後發制人是敵強我弱時常用的謀略。後發制人運用得當，常可以弱勝強、以少勝多。從政治上講，後發制人容易爭取人心，動員民衆，取得國際同情和支援；從軍事上講，後發制人強調以我之持久，制敵之速決，避免在不利的時機進行決戰，以便爭取時間，創造條件取勝；從市場競爭上講，後發制人可避免與強大對手硬拼，等到對手走下坡時，再乘機出擊。

破解之道

「以逸待勞」在現代商戰中也是經常用到的一計。利用此計者，在和對手鬥智鬥勇的過程中，要耐得住時間考驗和各種威逼利誘，保持良好的自我狀態，才能取得自己眞正的需求。

以逸待勞的最根本思想就是：用自己的長處來攻擊別人的短處，用自己的優勢來戰勝別人的劣勢，最終的目的就是要抓住主動權贏得勝利。以逸待勞的「待」不是消極被動的等待，而是從劣勢到優勢轉化的過程，所以，這個「待」字的分量非常重，所包含的智慧也非常廣博。以逸待勞的成功之處全在「待」字上，但是要想破解這種計謀，也需要在「待」字上下功夫。

要破解這一計謀，首先要認識自己的「勞」和別人的「逸」，這是對症下藥的關鍵，只要分清自己的「勞」和別人的「逸」，才能做到知己知彼，胸有成竹。其

次，要對自己的「勞」進行修整和調整，使得對方在你身上找不到明顯的突破口。比如，如果楚軍體認到自己長期作戰趨於疲憊的弱點，和王翦養精蓄銳引而待發的優勢，就應減少行軍強度，同樣養精蓄銳，秣馬厲兵，時刻警惕王翦的一舉一動，或者在城外假裝做出一些動作，讓城中士兵人心惶惶，這樣就可以在「待」中佔據優勢，掌握主動權。

第五計　趁火打劫

兵法

敵之害大，就勢取利，剛決柔也。

敵人遭到嚴重危機之時，就應乘機獲取利益，因爲剛強取決於柔弱。

歷史故事

在平常，趁火打劫絕對是非常不道德的行爲；可是從軍事的角度來說，所謂「趁火打劫」，就是指當敵方遇到危難的時候，我方一定要乘此機會進兵出擊，制服對手。

春秋時代，吳國和越國之間爲了爭霸，先後發動一連串戰事。在相互討伐的過程中，越國逐漸處於下風，最後被吳國打敗，只得俯首稱臣。越國的國君勾踐也因此被扣在吳國，失去行動自由。爲了騙取吳王的信任，勾踐故意終日裝瘋賣傻，讓吳王決定不顧大臣們的反對，放勾踐回國。

回國之後，勾踐繼續做兩面文章：表面上，對吳王夫差百般逢迎，即便在被釋放回國之後，越王勾踐依然年年向吳國進獻財寶、美人，麻痹夫差，讓夫差終日沈浸於酒色之中。而暗地裡，則臥薪嚐膽，發奮圖強，爲越國積聚實力，並在國內採取一連串富國強兵的措施。幾年後，越國實力加強，物資充足，人口大增，人心穩定，已經具備了攻打吳國的實力。

而吳王夫差卻始終被越王勾踐所製造的假象所迷惑，繼續沈溺於酒色，根本沒把越國放在眼裡。他聽不進大臣的勸告，反而殺了敢於直言的一代忠臣伍子胥，另一方面，他重用奸佞小人，窮奢極侈，終日飲酒作樂，色慾無度，爲了取悅美女西施，他大興土木，廣建豪廈，使民不聊生，百姓怨聲載道，國庫也因此日漸空虛。

西元前四七三年，吳國出現災情，莊稼顆粒無收，百姓怨憤沸騰。與此同時，吳王夫差沒有在國內整治生產，賑災救民，反而北上和中原諸侯在黃池會盟。越王勾踐見時機已到，急忙趁火打劫，揮師東進，討伐已經千瘡百孔的吳國。可想而知，吳國無力還擊，很快就被越國滅亡。

另一則故事更說明趁火打劫，造就王朝的史實：

努爾哈赤、皇太極都早有入主中原的打算，只是直到去世都未能如願。順帝即位時年齡太小，只有七歲，朝廷的權力都集中在攝政王多爾兗身上。多爾兗對中原早就有意，想在自己手上建立功業，了遂父兄未完成的入主中原遺願。

他時刻虎視眈眈，注視著明朝的一舉一動。

明朝末年，政治腐敗，民生凋敝。崇禎皇帝宵衣旰食，想振興大明。可是他猜疑成性，賢臣良將根本不能在朝廷立足，他一連更換了十幾個宰相，又殺了明將袁崇煥，周圍都是些奸邪小人，明朝崩潰大局已定。

西元一六四四年，李自成率農民起義軍一舉攻佔京城，建立了大順王朝。可惜農民進京之後，立足未穩，首領們漸漸腐化墮落。明朝名將吳三桂的愛妾陳圓圓也被起義軍將領擄去。吳三桂本是勢利小人，慣於見風轉舵。他看到明朝大勢已去，李自成自立爲大順皇帝，本想投奔李自成鞏固自己的實力。而李自成勝利之後，沒把吳三桂看在眼裡，抄了他的家，扣押他的父親，擄了他的愛妾。本來就朝三暮四的吳三桂，終於「衝冠一怒爲紅顏」投靠滿清，藉清兵勢力消滅李自成。多爾兗聞訊，欣喜若狂，認爲時機成熟，可以實現多年的願望了。這時中原內部戰火紛飛，李自成江山未定，於是多爾袞迅速聯合吳三桂的部隊，進入山海

關，只用了幾天的時間，就打到京城，趕走了李自成。多爾袞志溢飛揚登上金鑾寶殿，奠定了滿清佔領中原的基礎。

商戰奇謀

在商戰中，常需要運用「趁火打劫」的計策，以發展自己，削弱對方。在西方世界，一旦某個企業瀕臨破產，其他財團、企業往往會蜂擁而至，以各種手段，千方百計搶奪它的有用設備和技術人員。因爲在這個時候「趁火打劫」，最爲有利。

一九三三年，某新成立的香港B公司獲悉智利一家銅礦倒閉，爲了償還債務，礦主決定將新購進的一千五百輛進口新汽車折價拍賣。B公司董事長當機立斷，派人搶先一步，與智利銅礦主談判。經過激烈的討價還價，終於以低價買回這批新車，節省外匯二千五百萬美元。

商場如戰場。對手陷於困境的時候，已喪失了討價還價的主導權，在談判桌上處於被動的地位，他們往往不借血本，力圖使自己儘快擺脫困境，這便是其他人獲利的好時機。

一九七五年初春的一天，美國亞默爾肉食加工公司老闆菲力普・亞默爾坐在自己辦公室裡翻閱報紙。突然，一則幾十個字的短訊，使他興奮得差點跳起來：墨西哥發現了疑似瘟疫的病例。他馬上想到，如果墨西哥真的發生了瘟疫，一定會從加州或德州邊境傳染到美國來。而這兩個州又是美國肉食供應的主要產地，則全國肉類供應肯定會吃緊，肉價一定會猛漲。

當天，他就派家庭醫生亨利趕到墨西哥，幾天後，亨利發回電報，證實當地確有瘟疫，而且疫情嚴重。亞默爾接到電報後，立即集中全部資金購買加州和德州的牛肉和生豬，並及時運到美國東部。不出所料，瘟疫很快蔓延到美國西部的幾個州。美國政府下令，嚴禁一切食品從這幾個州外運，當然也包括牲畜在內。

於是，美國國內肉類奇缺，價格暴漲。亞默爾趁機將先前購進的肉品釋放到市場，在短短幾個月淨賺九百萬美元。

亞默爾慧眼獨具，發現了瘟疫即將流行的徵兆，預測到可能出現的局面，把握和充分利用了瘟疫蔓延所帶來的機遇，取得成功。乘瘟疫這把火，亞默爾「劫」到一大筆財，不愧是名商戰高手。

破解之道

從字面意思來理解，趁火打劫就是別人家起火而無暇自顧時，你乘機搶劫就很容易得手。這種情況並不常見，然而一旦出現，就是很好的機會了。所以趁火打劫的本質還是要懂得抓住時機，在別人有困難的時候發動攻擊，常常容易得手。趁火打劫的運用有一定的條件：首先，要確定對方的確是處於困難時期，這是你進攻的大好時機。其次，就是迅速行動，因爲這樣的時機你看見了，別人可能也看見了，如果你不及時行動，別人可能會捷足先登，或者對方很快就會恢復過來，你便白白錯過時機。

破解趁火打劫的謀略，需要以兩個條件來進行：首先，對方必須在你焦頭爛額的時候來進攻，你可以設法錯開時間，在困難未來臨之前，就假裝自己已經「起火」，趁自己還有能力之際，設計誘騙對方來進攻，而你已經布好圈套，可以來個甕中捉鱉；其次，可以用緩兵之計來拖住對方，利用各種談判、交涉拖延時間，暗地裡迅速調整自己，增強自己的實力，等到對方來「打劫」的時候，你早就已經做好了準備，給對方當頭棒喝。

第六計　聲東擊西

兵法

敵志亂萃，不虞坤下兌上之象，利其不自主而取之。

敵人處於心迷神惑、行爲紊亂、意志混沌的狀況，不能提防突發事件，即，出現萃卦所展現的水漫於地的現象；利用他們心智混亂無主張的機會，消滅他們。

歷史故事

所謂「聲東擊西」，就是在進攻的時候忽東忽西，飄忽不定，製造假象，讓對方摸不透我方的眞正目標，從而引誘敵人做出錯誤判斷，並乘機將其殲滅。

要想在作戰的過程中做到眞正的「聲東擊西」，一方首先必須設法擾亂敵方的指揮，而要做到這一點，就必須採用靈活機動的行動，本不打算進攻某地，卻佯裝向其發動攻擊；而對於眞正的目標，卻不表現出任何行動的跡象。這樣，敵方

就無法推知我方意圖，被假象迷惑，做出錯誤判斷。

聲東擊西的策略在中國軍事戰鬥當中應用廣泛。早在東漢時期，爲了維護邊境地區的安寧，漢帝曾派使者班超前往西域，出訪那些同樣飽受匈奴騷擾之苦的國家，希望能夠說服他們和漢朝政府一起聯手，共同抗擊匈奴。

爲了使西域諸國便於共同對抗匈奴，必須先打通南北通道。想實現這個目標，必須先解決莎車國。莎車國地處茫茫沙漠的邊緣地帶，該國一心與匈奴修好，煽動周邊小國，反對漢朝。爲了聯合西域國家，堅定諸國與漢朝政府合作的決心，班超決定首先率兵平定莎車國。

莎車國王眼見大兵壓境，驚慌失措，急忙派人北向求助龜茲國。接到求救信之後，龜茲王親自率領五萬人馬，前來援救莎車國。而即便聯合了于闐等國之後，班超的兵力總共也只有二萬五千人，敵衆我寡，要想取勝，必須依靠一定的智謀。情況緊急，班超靈機一動，決定採用聲東擊西之計。

爲了迷惑敵人，他讓人在軍中散佈言論，表示衆將士對班超都非常不滿，而且大家也都對這場戰鬥失去了信心，並準備隨時撤退。士兵們根據班超的特別囑咐，故意讓莎車國的俘虜把這些流言聽得一清二楚。

當天黃昏，班超命于闐大軍向東撤退，自己率部向西撤退，混亂之間，班超命令手下故意放走莎車國的俘虜，讓他回去報信。逃回莎車軍營之後，俘虜立刻報告了漢軍慌忙撤退的消息。龜茲王大喜，認定班超一定是懼怕自己，所以才慌忙逃竄，就想趁此機會，一鼓作氣，徹底殲滅敵人。

他立刻下令兵分兩路，對漢朝和于闐國的軍隊形成合圍之勢。與此同時，他親自率一萬精兵向西撲去，一路追殺班超。不知不覺之中，龜茲國軍隊早已進入班超設下的圈套。入夜之後，整個大漠一片朦朧，在撤退僅十里地之後，班超命令部隊就地埋伏，靜候龜茲王的到來。龜茲王眼見班超軍隊正要撤退，求勝心切之下，急忙率領追兵趕路。

待龜茲軍隊飛馳而過之後，班超立即集合部隊，與事先約定的東路于闐人馬，迅速回師殺向莎車國。面對從天而降的班超，莎車軍隊猝不及防，一攻即潰，莎車王眼見大勢已去，萬般無奈，只得請降。龜茲王氣勢洶洶，追了一夜無功而返。當他即將來到莎車國大營之外的時候，突然聽說莎車國已被平定，只好收拾殘部，悻悻返回龜茲國。

商戰奇謀

一九六二年，日本京瓷公司總經理稻盛和夫隻身前往美國，他此行的目的，並不是要開拓美國市場，而是爲了打進日本本土的市場。三年前，稻盛和松風工業公司的一名職員，共同創建京瓷公司。他們拼命工作，終於使得公司業績蒸蒸日上，這在一個不到一百名職員的小公司來說，實在不是一件容易的事情。

唯一令他們煩惱的是，經常有一些大筆訂單，他們不敢冒險輕易接受。因爲接單量若是超出現有規模所能負荷，就必須大幅度擴充人力和工廠，造成高風險。所以稻盛決定暫時不接大訂單，而努力奔走推銷公司的產品，積極說服各個廠商試用。但是，當時美國製品佔有大半的市場，大的電器公司只信任美國製品，根本不採用日本廠商自己生產的零件。面對這種形勢，稻盛靈機一動，既然日本市場有如銅牆鐵壁難以打入，不如以奇招取勝。

這一招就是讓京瓷公司的製品變成美國產品。他要讓美國的電機工廠使用京瓷的零件，然後再輸入到日本，引起日本廠商注意。屆時，再來開拓日本市場就容易多了。美國廠商不同於日本，他們不拘泥於傳統，崇尚合理及自由，不管賣方是誰，只要產品精良，經得起他們的測試，就願意採用。

雖然如此，想在美國推銷產品也不是一件容易的事。稻盛從西海岸到東海岸，一家又一家地拜訪，訪遍所有電機、電子製造廠商，卻一再失敗，但稻盛並不氣餒，終於在拜訪了數十家之後，碰到德克薩斯州的路緬公司。這家公司爲了生產阿波羅火箭的電阻器，正在找尋材料，經過非常嚴格的測試後，京瓷的產品終於擊敗西德和美國許多有名大廠的製品，取得合約。這是一個轉捩點，京瓷公司的產品獲得路緬公司的好評後，許多美國大廠也陸續與稻盛接觸，採用他們的產品，終於使得稻盛如願以償，將產品輸出到美國，使它成爲美國產品後再銷回日本。就這樣在一夜之間打響了知名度，獲得日本廠商的信賴和認同。產品欲進日本，先去美國，稻盛的這一記奇招，也正是「聲東擊西」的運用。

破解之道

聲東擊西的高明之處，在於把對方的注意力集中在我方不甚感興趣的地方。這其實是一種欺敵戰術，進攻對方料想不到之處，使對方難以招架。要成功實施聲東擊西的戰略，首先要有效吸引對方的注意力，把對方的注意力引導到他處，自己則暗自在另一方發起攻擊；其次，就是要迅速出擊，因爲「聲東」是一種策

略，「擊西」才是眞正的目的，如果攻擊的速度比較慢，對方很快就會反應過來，這樣就達不到出其不意的目的了。

破解聲東擊西的方法自然是要反其道而行之，最主要的就是仔細觀察對方的一舉一動，並且認眞分析形勢。眼看對方把重點放在東面，卻在西面蠢動，這就說明對方是另有所圖，一定要保持警戒。如果能夠看透對方的意圖，你就佔據了對絕優勢，看穿他們的陰謀，就不會中計。

敵戰計

運籌帷幄掌玄機

勝可預測，不可強求，戰勝對手，在於隙機
豐瘠度量，強弱多寡，審時度勢，立足不敗
擊敗對方，進攻得當，不被擊敗，防固堅實
大略正確，小節無妨，伺如處女，行如脫兔
死拼蠻幹，終被誘殺，貪生怕險，終被俘虜
急躁易怒，易中奸計，沽名釣譽，難逃圈套
怒而興戰，有去難還，無謀自負，終陷獨孤
無名幹政，疑竇四起，隔山發令，災禍橫生

第七計　無中生有

兵法

誑也，非誑也，實其所誑也。少陰、太陰、太陽。

誑騙，並不是長期的誑騙，而是在虛假誑騙之後，推出眞相。把小虛假發展到大虛假，在極端的虛假之後，採取眞實行動。

歷史故事

所謂「無中生有」，就是將事情的眞相與假象相互混合起來，眞中有假，假中有眞。眞假互變，擾亂敵人，使敵方判斷失誤，從而達到出其不意，攻擊敵人的目的。

隋朝建國初期，爲掃除地方殘餘勢力，一統天下，隋文帝楊堅曾命大將賀若弼官拜吳州總管，鎭守揚州一帶，操練兵馬，待機而動，爲剿滅當時的小國陳國人做好準備。

可是出乎意料的，到了揚州之後，賀若弼並沒有馬上招募兵丁，廣置軍械，修造戰船。相反的，他只讓人買了五、六十艘破船放在陳國人能夠看到的地方，終日漂漂蕩蕩，無人照管。剛開始的時候，陳國軍隊非常緊張，整天注意著江面，擔心敵人可能隨時殺過來。可是看到這個模樣，陳國人馬上放鬆警戒，因為他們相信，單憑這幾十艘破船，別說是攻破陳國人的防線了，就連把軍隊完全運過來，也需要相當長的時間。

就這樣過了一段時間之後，陳國人陷入麻痹狀態。就在這個時候，賀若弼讓沿江駐軍在江邊插上很多戰旗，營造一種紮了很多大營的假象。剛開始，陳國人非常緊張，以為敵人就要攻打過來，於是馬上進入高度備戰狀態。可是過了一段時間之後，他們發現敵人原來只不過是在換防而已，並沒有準備開戰。幾次之後，陳國也就見怪不怪，又漸漸放鬆防衛。

就這樣，賀若弼漸漸讓陳國人相信，隋朝其實並不準備進攻陳國，所以自己也不用過於緊張，從此以後，無論隋朝軍隊有什麼動靜，陳國人都是見怪不怪，採取不聞不問的態度。

到這個時候，賀若弼的「無中生有」計畫基本上已經完成，他也為眞正的進攻做好了充分準備。西元五九〇年正月初一，趁著陳國人歡慶新年的時候，賀若弼揮師過江，一時間，隋朝的戰船幾乎覆蓋了整個江面，大軍烏壓壓地殺向對岸的陳國。陳國人大驚失色，他們從來沒有想到隋朝居然神不知鬼不覺地在對岸佈置了這麼多軍隊……

就這樣，賀若弼運用「無中生有」的計策，虛實相間，率軍輕而易舉地渡過長江，攻下了鎮江，一舉殲滅了陳國。

商界奇謀

一九八四年耶誕節前夕，儘管美國不少城市朔風刺骨，寒氣逼人，但玩具商店門前卻通宵達旦的排起了長龍。人們心中有一個美好的願望，那就是「領養」一個身長四十多公分的「甘藍菜娃娃」。「領養」娃娃怎麼會到玩具店去呢？原來，「甘藍菜娃娃」是一種富有潛力的新玩具。她是美國奧爾康公司總經理羅伯士創造的。

透過市場研發，羅伯士發現歐美玩具市場的需求正由「電子型」、「益智型」轉向「溫情型」，他當機立斷，設計了別具一格的「甘藍菜娃娃」。與以往的洋娃

娃不同，以先進電腦技術設計出來的「甘藍菜娃娃」千奇百態，有著不同的髮型、髮色、容貌、鞋襪、服裝、飾物，滿足了人們對個性化商品的要求。另外，「甘藍菜娃娃」的成功，還有其深刻的社會原因。離婚不僅對兒童造成心靈創傷，也使得不到子女撫養權的一方失去感情的寄託。而「甘藍菜田裡的孩子」正好填補了這個感情的空白。這使她不僅受到兒童的歡迎，也在成年婦女中暢銷。羅伯士抓住了人們這一購買心理大做文章，別出心裁地把銷售玩具變成了「領養娃娃」，把「甘藍菜娃娃」變成人們心中有生命的嬰兒。

奧爾康公司每生產一個娃娃，都要爲這個娃娃附上出生證明、姓名、手印、腳印，臀部還蓋有「接生人員」的印章。顧客領養時，要鄭重簽署「領養證」，以確立「養子與養父母」關係。經過顧客心理與需求的分析，羅伯士又做出了創意十足的「配套」販賣——銷售與「甘藍菜娃娃」相關的商品，包括娃娃用的床單、尿布、推車、背包，以至各種玩具。領養「甘藍菜娃娃」的顧客既然把她當成眞正的嬰孩與感情的寄託，當然把購買娃娃用品看成必不可少的事情，奧爾康公司的銷售額因此大幅度增長。如今，「甘藍菜娃娃」的銷售地區已擴大到英國、日本和香港等國家與地區。羅伯士正考慮試製不同膚色及特徵的「甘藍菜娃娃」，讓她走遍世界各國，保持奧爾康公司在玩具市場上首屈一指的地位。奧爾康公司靠發揮自己的想像力，虛構了惹人喜愛的「甘藍菜娃娃」。當「甘藍菜娃娃」成了搖錢樹，它又引進了一系列相關產品的誕生。「無中生有」，使得奧爾康公司受益無窮。

無中生有，包含了很多創造性，從無到有的創造，包含了很多智慧在裡面。現代的商戰，最重視的就是創造力。商品的構想、設計、命名、包裝、定價、廣告、促銷、分配……無一不是需要高度創造力的工作，這些工作都是智慧的考驗與挑戰，也是企業策畫人、廣告人，夙夜憂勤，永無休止的努力目標。所以，商戰事實上就是創造力的競賽。

破解之道

無中生有之計，「無」是迷惑對手的假象，「有」則是假象掩蓋下的眞實企圖，此計在激烈的市場競爭中常常被採用，讓對手以假爲眞，出其不意地實現自己眞正目的。但是，這個從無到有的過程中，卻是一個鬥智鬥勇的過程。有時候，無中生有的力量可能是眞假難辨，其作用難以估量。

破解無中生有的方法，最好是跟風回應。如果對方有一個無中生有的策略，你是難以去防堵的，最好是有樣學樣跟著做，這樣就能夠降低對方的優勢，人們會認爲對方的舉措沒有什麼稀奇的地方，而你的無中生有也會替自己得到很多好處，可以說一舉兩得。

第八計　暗渡陳倉

兵法

示之以動，利其靜而有主，益動而巽。

有意展示佯攻行動，利用敵方重兵固守的時機，暗地裡悄悄實行眞正行動，乘虛而入，讓事物的增益，因爲變動而順利達成。

歷史故事

暗渡陳倉與聲東擊西有相似之處，二者都有迷惑敵人、隱蔽我方眞正意圖的作用。但二者的不同之處在於，暗渡陳倉的時候，一方並沒有隱藏自己的攻擊意圖，而主要是向敵人隱蔽自己的攻擊路線。

用於實際作戰的時候，一方經常採取正面佯攻的方式，待敵人被牽制而集結固守的時候，自己再悄悄派出一支部隊迂迴到敵後，出其不意地將敵人殲滅。

在中國歷史上，漢朝大將軍韓信可以說是使用此計的高手，由他所發動的

「明修棧道，暗渡陳倉」，早已經成爲中國古代戰爭史上的著名成功戰例。

秦朝末年，秦王二世殘暴專橫，民怨沸騰，群雄並起，紛紛反秦。在長年征戰的過程中，亭長出身的劉邦首先率領部隊攻進咸陽，消滅了秦國。勢力強大的項羽進入關中後，逼迫劉邦退出關中，並擺下鴻門宴邀請劉邦，準備伺機殺死他。

劉邦此次脫險後，率領部隊退駐漢中。不僅如此，爲了麻痺項羽，劉邦還在撤退的時候，將漢中通往關中的棧道全部燒毀，以表明自己永遠不再返回關中的決心，讓項羽放鬆警戒。而事實上，劉邦從來都沒有放棄一統天下的野心。西元前二〇六年，已逐步強大起來的劉邦，派大將軍韓信出兵東征。出征之前，韓信派了許多士兵去修復已被燒毀的棧道，擺出要從原路殺回的架勢。關中守軍聽說了這一消息之後，馬上派人密切注意修復棧道的進展情況，並把主力部隊集結到棧道沿線各個關口要塞，日夜防範，準備阻攔漢軍進攻。

就這樣，韓信透過「明修棧道」的方式，成功吸引住項羽軍隊的注意力，把敵人的主力引誘到棧道一線。就在敵人全心關注棧道的修復情況時，韓信悄悄率領大軍繞道陳倉，突然發動襲擊，一舉打敗駐守在那裡的大將章邯，並迅即挺入中原，爲劉邦統一天下邁出了決定性的一步。

商戰奇謀

現代人喜愛、參與、觀賞體育活動已成爲一種風尚。無論是年輕人還是老年人，都希望透過參與體育活動，來體現和保持自己的青春、健康和活力。這一來，大凡與體育有關的事物，也同時爲人們所喜愛，因此工商企業紛紛致力於體育的公關活動。從專業分工來說，企業與體育本無直接的業務聯繫，可是體育比賽對公衆的吸引力卻可以轉化爲工商企業的利基，將產品與體育連結，或贊助體育事業，能使企業收到事半功倍的效果。

日本電氣公司（NEC），從一九八二年起資助中國大陸中央電視台「體育之窗」節目，每年用於資助體育活動的公共宣傳開支高達十億日圓。在三年內，該公司收入增至二百四十億日圓，出口比率從十五％躍至三十二％。在當年的中國大陸企業當中，最早「買」下專業球隊的廣州白雲山製藥廠，也由於獲得最佳的銷售廣告而逐年遞增收入四千萬以上，其資助的「白雲足球隊」（即原廣州足球隊）受到球迷們的歡迎和關注。

一九八九年，中國大陸足球隊敗於紐西蘭，失去了進軍西班牙世界盃賽的機會，中國大陸舉國上下反映強烈。一位中央領導說：「抓足球要從娃娃抓起。」江蘇省張家港的振興橡膠總廠廠長奚也頻得知了這一消息之後，取得團中央和國家體委的同意，立即製做了標準型中國兒童足球「貝貝球」，並贈給上海、北京等地的小足球迷三萬個。一九八三年，振興橡膠總廠與上海步雲橡膠廠聯合組成了「振興兒童足球促進會」，連年來舉行了五屆全國性的「貝貝足球賽」，並與體育報《足球天地》聯合設立「兒童足球」論文獎。

奚廠長抓住人們熱愛足球運動的心理，利用小小的貝貝球，開創了大局面，把工業、體育、教育、新聞等都發動起來，大大提高了工廠的知名度。「經營確實是場鬥爭。商品經濟不承認任何權威，只承認強者。在這場鬥爭中，兩強相遇勇者勝；兩勇相遇先下手者勝；大家先下手，則知名度高者勝。」這是奚廠長的經營眞經，用他的話來講，提高知名度是世界第一的事業。

「明修棧道」——資助體育活動，「暗渡陳倉」——提高企業聲譽、知名度和產品銷路，這便是企業進行體育公關活動的計謀。「暗渡陳倉」必須配合「明修棧道」，才能顯示戰略意義，也才能突顯謀略的價值，充分展現欺敵突擊的效果。

在日本東京街頭，每天早晨都可以看到一些熱情大方的姑娘，向過往的路人發放濕紙巾。初到日本的人，碰到這些鞠躬微笑的姑娘，也許會迷惑不解，但接過香氣襲人的小紙巾，擦試略帶倦意的臉時，就會感到這是多麼細緻的服務。人們自然會將印在紙巾上的公司名稱，和這一美好的感受相連結。原來，這是日本公司在向人們作廣告。他們採取的是「明修棧道、暗渡陳倉」的迂迴戰術，向社會提供人人都樂意接受的服務，把眞實的意圖隱藏在服務的背後，讓人們在不知不覺中接受公司的宣傳。諸如這一類活動，不少企業都絞盡腦汁去設計、去尋找。其實，做到這一點並不難，只要掌握了「暗渡陳倉」的謀略思想，善於發現人們的需要，就可以構思出巧妙的形式。

破解之道

「暗渡陳倉」的前提，是「明修棧道」，即公開的展示一個讓敵人覺得愚蠢或者無害的戰略行動，以使敵人鬆懈心防。在公開行動的背後，或有眞正的行動，或去轉移防衛，趁敵人被假象矇蔽而放鬆警戒時，給敵人以措手不及的致命打擊，自己則在沒有遭到任何抵抗或防備的情況下，出奇致勝。「暗渡陳倉」是眞

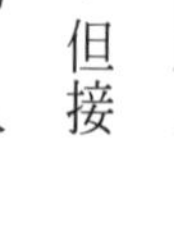

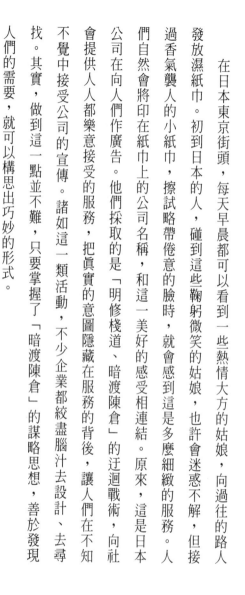

正的目的，而「明修棧道」只是一個手段而已，破解「明修棧道，暗渡陳倉」的方法沒有什麼特殊之處，最重要的就是知己知彼，針對方的一舉一動洞若觀火，由於對方的策略是一種兩面性的舉動，因此要破解就要有兩手準備，對於其明修的棧道有所應付，對於其暗渡陳倉，可以假裝不知，等到時機成熟的時候，一舉殲滅。或者進行敲山震虎，由於對方的暗渡陳倉是在暗中進行，所以非常的敏感，如果發現自己事跡敗露，就會沈寂下來。因此，你利用敲山震虎的方法，可以輕而易舉的瓦解對方陰謀。

第九計　隔岸觀火

兵法

陽乖序亂，明以待逆。暴戾恣睢，其勢自斃。順以動豫，豫順以動。

表面上迴避敵人的混亂，暗地裡等待其內部發生爭鬥。內部反目成仇，就會不攻自破，我方順其自然便有所得，若要有所得，就不能強求。

歷史故事

所謂隔岸觀火，就是放鬆對敵人的進攻，讓敵人的緊張情緒得到緩和，在這種情況之下，敵人的內部矛盾會日漸激化起來，最終惡化到不戰而敗的地步；於是乎，我方就可以透過「隔岸觀火」的方式，坐收漁人之利，不戰而降人之兵，取得勝利。

在《三國演義》當中，曹操就是一個善於使用「隔岸觀火」策略的軍事家。

西元二〇七年，曹操率領軍隊在柳城打敗了單于蹋頓和袁尚、袁熙兩兄弟，

結果蹋頓被斬首，袁氏兩兄弟也被迫前往投奔遼東太守公孫康。

剛開始，曹操手下的大將們紛紛勸告曹操應及時追擊，將袁氏兄弟一舉擒獲，以免夜長夢多，釀成後患。可是身爲謀略家的曹操卻不這麼認爲，在他看來，乘勝追擊倒不如暫時的「姑息養奸」。因爲長期征戰已經讓將士們疲憊不堪，另一方面，他早已算定了「公孫康必定會主動把袁氏兩兄弟的人頭送到我這裡來。」聽完這話，衆將不禁開始有些懷疑曹操的判斷。

果然，沒過多久，公孫康帶著袁氏兩兄弟的人頭前來晉見，曹操大喜，急忙召集衆將領，當衆冊封公孫康爲左將軍。此時，各位將軍早已對曹操欽佩不已，急忙詢問曹操爲什麼能夠算定公孫康必然會殺了袁氏兩兄弟。

曹操笑著回答道：「諸位有所不知啊！公孫康一向懼怕袁氏兩兄弟，只是由於最近他們一直忙於對付我，所以彼此之間的矛盾才沒有激化。」看著衆人迷惑不解的樣子，曹操繼續說道。「可想而知，如果我當時聽取諸位的建議，直接攻打遼東的話，公孫康勢必與袁氏兄弟聯合起來，一致對抗我，到那時，即便我能順利打下遼東，也不免損失慘重。可是我相信，如果我能暫時按兵不動，公孫康與袁氏兄弟之間的對立衝突一定會迅速激化起來，到那時，我便能不戰而勝，徹底剷除袁氏兄弟的勢力了。」聽完之後，衆將不禁對曹操的料事如神肅然起敬。

商戰奇謀

一九八六年，中國大陸珠海光纖公司在引進光導纖維設備中，爲掌握國際市場行情，先後與幾家外國公司進行測試性談判。在對價格、利益做了一番認眞比較下，最後選定與美國公司進行實質性談判。

代表團的業務能力相當高明，特別是其主談判手莫爾，談判中全用數據詳盡說明，顯然在談判前是做足了充分準備。再看中方代表，並未被對方的盛氣凌人所嚇倒，反能以最優惠的價格條件達成協定。全是他們計勝一籌，巧妙利用競標者之間的矛盾來突破對方的叫價。

原來，珠海光纖公司調查發現，想與中國做光纖生意的外商很多，在短時間內完全是買方市場。於是他們決定利用外商之間的競爭來壓價。

珠海光纖在確定與美國公司談判之後，還同時與英國的公司接洽。這兩家是兄弟公司，但爲了各自的利益，手足相煎，形同水火。在一次談判後，英國人故意把兩頁文件遺忘在現場，這是有意留給美方的，因爲兩家公司一直在同一會場

與中方談判，英方在文件上把價格壓得很低，意在使美方看後知難而退。美方不知是計，拾到文件後如獲至寶，在接下來的談判中，對價格做出了讓步，並很快與中方達成協定。

一九八六年，珠海特區光纖公司與美國公司正式簽約。根據這份合約，光纖公司引進的設備及其購買的技術專利都達到了世界八〇年代先進水平，更引人注目的是，中方把美方的報價壓低了一百八十六萬美元，節約了一大筆外匯開支，同時也降低了設備購進成本，爲企業早日盈利創造了前提條件。

珠海光纖公司在談判上的大獲全勝，在於其有效地、適時地運用了「隔岸觀火」技巧，使美國與英國公司手足相煎，競相壓價，爲中方低價買進提供了可乘之機，最終得以坐收漁利。

事實上，在中國大陸外貿體制不完善的條件下，由於各地區在對外進出口過程中，多頭對外，競相削價，互相拆台，有的企業甚至爲掙得些許外匯，不惜血本地壓價，而無視全局的利益，對國家和企業造成損失的事例屢見不鮮。

上海有家公司，以每公斤六・八美元的價格向歐洲共同市場出口糖鈉，由於該產品品質可靠，價格合理，公司遵守合約、講信譽，所以該公司出口的糖鈉在歐洲已經佔有較穩定的市場，廣爲客戶所認同。

後來，天津和江蘇兩家公司見出口糖鈉有利可圖，也想趁機撈一票。兩公司使出渾身解數，運用各種關係，爭先恐後去電外商，瞭解相關貿易資訊，洽談有關交易條件。

先是天津某公司報價每公斤五．四美元，江蘇某公司也不甘示弱，爲爭得客戶，不惜血本，進一步將價格壓低到每公斤五．○七美元。雙方同室操戈，相互殘殺，使外商得以「隔岸觀火」，待時機一到，外商很快撇開上海與天津兩家公司，與江蘇某公司達成爲數六十五噸的交易，輕而易舉地從中漁利壓價十萬美元。

事情發展到這時，尚未結束。據歐洲共同市場反傾銷法規定，如果每公斤糖鈉售價低於六．八美元，必須向賣方徵收一定數量的「反傾銷稅」，稅率高得讓人咋舌，爲此，江蘇省某公司「偷雞不成蝕把米」，又被迫繳了一大筆稅金，教訓慘痛。

這個肥水流入外人田的悲慘教訓告訴我們：同室操戈只會兩敗俱傷，最終給共同的談判對手提供坐收漁利的機會。兄弟同仁應聯手對外，不能急於相煎，各

方應及時溝通資訊，力求避免相互殘殺。

破解之道

隔岸觀火的實質意義，就是利用別人的矛盾達到自己的目的，是一種不戰而屈人之兵的上上之策。《孫子兵法》有云：「上兵伐謀，其次伐交，其次伐兵，其下攻城。」能少費氣力，僅憑運籌帷幄就能夠取勝的是上上之策。曹操就是沒有出一兵一卒，更得到了袁氏兄弟的人頭。由此可見，隔岸觀火是一種上上之策。這一謀略的關鍵，就是要完全掌握別人的矛盾，並且加以巧妙利用，從中得利。

隔岸觀火最容易發生的不良後果就是引火燒身。前面講過的「聲東擊西」，有時候就是隔岸觀火的剋星，因爲「聲東」就能夠造成兩方有矛盾，在兩方對抗的時候，肯定有袖手旁觀的人，如果「聲東」的一方眞正目的是第三方的話，隔岸觀火的第三方就很倒楣了。所以，隔岸觀火的運用一定要能夠完全確定爭鬥的雙方沒有攻擊你的企圖，或者根本沒有實力來攻擊你，這才容易如你所願。

第十計　笑裡藏刀

兵法

信而安之，陰以圖之；備而後動，勿使有變，剛中柔外也。

使敵方充分相信我方，麻木鬆懈，卻在暗中謀畫克敵致勝的方案，經過充分準備後，乘機突然行動，不讓敵人察覺而採取應變措施，這就是外表友善，內藏殺機。

歷史故事

所謂「笑裡藏刀」，是首先把自己的意圖隱藏起來，然後伺機而動，突然發起進攻，也就是說，先透過「笑」的方式來鬆懈敵人，然後再趁其毫無防備的時候抽出刀子，致對方於死地。

笑裡藏刀應用廣泛，它也成爲人們處理人際關係的一種方式。當然，如果說一個人「笑裡藏刀」，那肯定是貶義的說法。不過在與敵軍作戰的時候，笑裡藏刀

可以成爲一種非常有效的策略。

相傳在戰國時期，張儀就曾經對楚國的懷王玩了一計「笑裡藏刀」的計謀。當時秦國正準備攻打齊國，可是齊國跟楚國結有盟約，而楚國的勢力又非常強大，所以秦國有後顧之憂，遲遲不敢動手。很明顯的，要想攻打齊國，秦國必須首先離間齊國和楚國之間的關係，直至兩國反目成仇。

爲了達到這一目的，秦國的張儀親自前往楚國晉見國君。見到楚懷王之後，張儀立刻施展自己的遊說本領，他告訴楚懷王：「我們想攻打齊國，只是不知道貴國是否同意？如果您能夠支持我們，跟齊國斷交的話，我們願意獻給您六百里的土地，不知您意下如何？」楚懷王是個目光短淺，又非常貪婪的人，聽到張儀的話之後，笑得合不攏嘴，不顧大臣們的反對，馬上廢掉與齊國的盟約，與齊國徹底斷交。

而另一方面，張儀回到秦國以後，立刻派人告訴秦王，任務已經完成，只是因爲自己身體不舒服，所以三個月內還不能上朝晉見秦王，更不能召見楚國派來的使臣。在這三個月的時間裡，楚懷王每天都焦急地等待著秦國給他獻上土地，可是遲遲不見秦國方面有任何動靜。「是不是秦國覺得我沒有跟齊國徹底斷絕關係啊？」楚懷王想道。於是立即派一名特使，出使齊國，當面大罵齊王，讓兩國的關係徹底決裂。

聽到這件事情之後，張儀認爲時機已經成熟，於是馬上召見楚國的使臣，告訴他：「我說到做到，既然答應給你們大王六百里的土地，我一定遵守諾言！」說完，就讓使臣回去稟告楚王。

果然，楚懷王聽到張儀的話怒不可遏，馬上發兵攻秦。不料此時的秦國早已與齊國結成盟友，兩國攜手，共同迎擊楚軍，結果楚軍大敗，人馬死傷慘重，最後還被迫割讓兩座城池給秦國，眞可謂「賠了盟友又折城」。

商戰奇謀

「人無笑臉莫開店」，是中國古代經商的經驗之談；微笑服務，也已成爲當代企業經營的法寶。

若想買賣做得成功，「笑裡藏刀」、「剛中柔外」就不得不用。在推銷產品時，最能使顧客直接感受到滿意的，還是店員的一張笑臉。面對溫暖如春的笑容，顧客首先會覺得受到人格上的尊重，無形中立即縮短了彼此的距離。如果對

顧客板著冷漠的晚娘面孔，好像顧客欠了你似的，人家怎麼會有心情買你的商品呢？

微笑，不僅是服務的作風，也是競爭的手段。與人保持良好的關係，是極爲重要的無形財富。有的生意人平時還懂得微笑，可是遇上心情不好或身體太累時便笑不出來，態度生硬，那還不如早早關門打烊。要知道，保持微笑不僅是職業道德，也是維護自己生存應盡的義務。

微笑的熱情服務，有下列十大要義：

一、把每一位顧客都當作自己的親友。

二、把顧客的批評和牢騷視爲神聖的語言。

三、不要冷淡只買一根針的顧客，應知一元顧客與百元顧客，同爲興隆之本。

四、不可強迫推銷，要爲顧客著想。

五、接待退貨、換貨的顧客同接待買貨的顧客一樣熱情。

六、在顧客面前不要訓斥店員，這等於趕顧客出門。

七、缺貨是商店的過失，不僅應向顧客道歉，還應送貨上門。

八、兒童是福神，帶兒童的顧客，是爲了給孩子買東西，要對兒童特別熱情。

九、對顧客想要購買的貨物，應該拿出數種花色讓其挑選，並主動爲顧客提供意見。

十、即便是用一張紙當作贈品，也可搏得到顧客的好感。如果沒有贈品，微笑就是最好的贈品。

表裡不一、口蜜腹劍的「笑裡藏刀」伎倆，爲人所不齒；但「笑裡藏刀」計所說的「剛中柔外」謀略思想，卻値得運用。無論大企業還是小商店，都要注意「微笑服務」，這正是「剛中柔外」在商戰中運用的具體化。

破解之道

「笑裡藏刀」是指在和對手交涉的過程中，外表溫和謙恭，面帶微笑，很是大度，但實際上並非如此。其中有氣量狹小的，有喜歡猜忌的，有陰險狠毒的。笑裡藏刀是一種鬆懈心防的戰略，「笑」是爲了掩飾自己的眞實企圖，而「刀」一定要隱藏在笑裡面，所以這種「笑」肯定不是很自然的，這種「刀」一定是比較

隱蔽的。

破解這種計謀的方法，一般有兩種：一種是以牙還牙，當你發現對方的笑臉下有不良企圖，你可以「養成其罪」，表面上也裝作非常合作，讓對方覺得你已經落入他設的圈套裡，這時候，你自己所用的也就是「反笑裡藏刀」。由於你已經察覺了對方的意圖，所以暗地裡就要有對付他的一套計劃，便能制伏或者避免對方的惡意。二是引蛇出洞，既然對方總是笑臉相迎來痲痹你，你就要想辦法讓對方露出狐狸尾巴，至於用什麼來引蛇出洞呢？一般是與對方利益息息相關的事情，常常能夠逼對方露出自己的本意。

如果你能破解他的「笑」，讓他露出了「刀」，基本上，他就處於被動的劣勢了。

第十一計　李代桃僵

兵法

勢必有損，損陰以益陽。

當局勢發展到必然有所損失時，應捨得小的損失而保全大局。

歷史故事

李樹生長在桃樹旁邊，蟲子來咬桃樹，李樹代替桃樹受罪以至僵死。從兵法上來講，所謂「李代桃僵」，就是在跟敵人作戰的時候，要善於抓住敵人的弱點，有選擇性地犧牲自己一小部分利益，以造成假象，誘騙敵人，從而打敗敵人。

東晉的時候，晉國有一員驍勇善戰的將軍名叫杜曾，他是一個非常有野心的人，在接二連三的勝利之後，他決心背叛晉元帝，準備謀反。

爲了討伐杜曾，晉元帝派當時一位赫赫有名的大將周訪爲征西大將軍，率領大軍攻打杜曾。當時杜曾剛剛攻克荊州，全軍上下士氣高昂，銳不可擋。周訪決

定暫時避開敵人的鋒芒，不與敵人進行正面對抗。為了消耗杜曾的實力，周訪一味地遊走作戰，採用避實擊虛、進退交替的打法。他命令手下將晉軍分成左、中、右三路，而且為了擾亂敵人，他還讓人特地在中軍駐紮的地方樹起了很多戰旗，使杜曾誤以為中軍的實力最為強大，從而先攻打左右兩邊的軍隊。

果然，看到周訪擺開的陣勢，杜曾判定左右軍一定是對方的弱點所在，於是率領人馬向晉軍的左路撲了過去。周訪不禁暗喜，他一方面犧牲左路軍隊，命令他們死戰強敵，一方面命令中軍保持體力，準備應戰。就這樣，經過一整天的廝殺，杜曾雖然打敗了晉軍的左路部隊，卻是人困馬乏，傷亡慘重。

周訪眼看時機已到，馬上命令中路人馬戰鼓齊鳴，早已休整多時的八百名精兵就像猛虎下山一樣，呼嘯著掩殺過去。杜曾根本沒有想到中路軍會在這個時候發起進攻，一時間手足無措，不知如何是好，只好率領手下倉皇逃竄。就這樣，藉由損失左路人馬，周訪成功消耗了杜曾的實力，最終徹底擊潰叛軍。

商戰奇謀

最早發展高解晰度電視技術的是日本，早在二十世紀八〇年代中期，NHK與新力便完成了HDTV生產與衛星廣播的全套開發計畫，技術上領先於歐美。但是日本人對自己的技術過於自信，在歐美四處遊說，極力推銷HDTV系統，把自己急於將HDTV系統推廣爲世界標準的野心暴露無遺。

面對日本人的咄咄氣勢，歐美深感恐懼，如果HDTV的世界標準被日本取得，不但下一個世代的電子產品市場有可能爲日本企業所壟斷，連整個歐美的電子工業也將不可避免地成爲日本企業的跟隨者，這將是一連串的骨牌效應，令歐美不寒而慄。歐美都以各種理由爲藉口拒絕接受日本的HDTV計劃，轉而大力開發各自的電視技術及標準。

以荷蘭飛利浦公司爲代表的歐洲電子工業公司，在得到了歐洲共同體及其成員國政府的雙重行政與財政支援，甚至被列入歐洲高級技術尤利卡計畫的總體規畫中。一九八六年，歐洲成功開發出一個名爲HD—MAC的歐洲HDTV系統計畫方案，從此便形成了歐洲與日本在新一代電視領域裡的對峙與競爭。

一九九〇年，美國的通用儀器公司在電視傳播信號的數據壓縮方面取得了轟動世界的突破，這使美國在高解晰度電視技術上後來居上，一舉超過了日本和歐洲。

更重要的是，美國資訊產業以其絕對的資訊技術優勢，闖入了廣播電視領域。Inte1、Microso及Compaq三巨頭聯手推出了它們所制定的可接收數據式電視的電腦技術規範。按新技術規範生產的電腦可接收以地面波數據式發送的高解晰度電視。在微電腦上加裝了數據式高解晰度電視接收裝置之後，除了可觀看電視圖像外，還可進行互動式操作，並接收多種相關資訊。例如，在報導各類新聞時，可利用這種新型微電腦接收有關焦點人物以及時事背景的各種圖像及文字介紹。此外，可利用Intemet網接收聲音和數據圖像等多媒體資訊，採用這種技術的接收裝置，可顯示出圖像的精確細節。

美國的技術發展很快就打破了原有的競爭格局，使日本和歐洲的兩種系統受到了巨大衝擊，未經市場搏殺，就被判定沒有發展前途。

一九九三年初，歐洲共同體委員會最終承認了美國的全數據式電視是未來技術發展的方向，隨後正式宣佈放棄重金支援開發的HD—MAC。日本於一九九四年夏也無可奈何地放棄了在類比式高清解度電視的研製上投入二億美元鉅資的計畫，轉而支援全數據式電視的開發。

美國研製出高解晰度彩色電視後，自恃一系列的技術優勢，其技術標準將成爲業界標準。考慮到國內尚有普通（HTV）彩色電視生產廠家，爲了保護國內公司及工人就業，美國並不急於推出高清晰度彩色電視，而行李代桃僵之術，待LG把美國最後一家彩色電視廠收購後，才推出自己的高解晰度彩色電視發展計畫。

中日韓雖然形成了全球最大的普通彩色電視業製造中心，但高解晰度彩色電視無論是廣播電視系統，還是家用終端技術都必須仰承美國人的鼻息，美國佔據了高解晰度彩色電視技術和利潤的上游之利。

破解之道

「李代桃僵」就是本來桃樹要受罪遭難的，卻由李樹來代替，結果桃活李死，這顯然是一個比喻而已，用來概括各種替代受過的現象或做法。實質上，李代桃僵是犧牲小的利益來顧全局的方法，這種做法也可以叫做「棄車保帥」。在歷史上，這類事例很多，當然，與高風亮節並存的，還有統治者割髮代首的荒誕權術，更有作奸犯科的惡棍抓替罪羊的卑劣行徑。在歷史、文學，以及現實裡隨處可見。在現代商場上，經營者不要爲小利所誘惑，也不要爲小害所影響，要從全局的優劣形勢中分析對比，爭取主要優勢且不必堅持寸步不讓，高明的經營者都

會「以退爲進」，以達到自己賺錢的目的。

破解這種計謀的方法就是窮追猛打，絲毫不留餘地，因爲李代桃僵的做法常常是在對方處於劣勢的情況下，不得已而爲之的下策，實際上也是一種緩兵之計，如果窮追猛打，不留餘地，對方即使想用李代桃僵，也是無濟於事。

第十二計　順手牽羊

兵法

微隙在所必乘，微利在所必得，少陰，少陽。

再微小的疏忽，也必須利用；再微小的利益，也要力爭，變對方的疏忽爲我方的小勝利。

歷史故事

「順手牽羊」是要善於抓住敵方內部出現的可乘之機，看準空隙，抓住時機，迅速出擊。在中國戰爭史上，有很多順手牽羊的例子，比如說古代的農民起義，由於當初規模比較小，這些起義軍往往就採用游擊戰的方式，經常順手牽羊，攻打敵人不經意之處，應手得利。當然，不一定只有弱小者才會順手牽羊，那些勢力強大的人也經常會把握住敵人的失誤，採用順手牽羊的方式，盡可能擴大自己的戰果。

西元三八三年，前秦統一了黃河流域地區，勢力大增，一時間豪情萬丈，不由得藐視天下群雄，更有了趁機一統江山的野心。就當時的形勢來看，如果要統一天下，前秦最大的障礙就是盤踞在江南的東晉。爲了完成霸業，首先要一鼓作氣，拿下東晉。

當時的前秦王苻堅率部駐紮在項城，他下令從各處調集九十萬大軍，打算揮師南下，渡過長江，一舉殲滅東晉。由於九十萬大軍一時難以集結完畢，所以他就先派弟弟苻融爲先鋒，先攻壽陽，給敵人一個下馬威。

初戰告捷之後，苻融不由得犯了輕敵的毛病，他判斷東晉兵力不多，而且糧草不足，於是就向苻堅提出建議，希望能夠率軍迅速進攻東晉。苻堅聽到這個消息之後，不等大軍齊集，就立即親自率領幾千騎兵趕到壽陽。

東晉將領謝石得知這一消息，決定抓住時機，打敗敵方前鋒，挫挫對方的銳氣。於是派大將劉牢之率領五萬精兵，強渡洛澗，殺了前秦守將梁成。劉牢之一擊奏效，隨後乘勝追擊，重創前秦軍隊。謝石隨後率師渡過洛澗，沿淮河而上，來到淝水，駐紮在八公山邊，與駐紮在壽陽的前秦軍隔岸對峙。

爲了和前秦軍隊速戰速決，謝石決定用激將法促使苻堅立即開戰。他派人送給苻堅一封信，信上說道：「我要與你決一死戰，如果你不敢的話，還是趁早投降爲好。如果你有膽量與我決戰，就請你先暫退一箭之地，讓我渡過河來，與你比個輸贏。」看到信之後，狂傲的苻堅怒從心起，他決定答應暫退一箭之地，然後等東晉部隊渡到河中間的時候，再回兵出擊，將晉兵全殲水中。

事實上，他並沒有想到此時秦軍已人困馬乏，士氣低落。所以當他命令部隊回撤的時候，很多士兵以爲前方已經潰敗，於是紛紛逃命，一時間，前秦軍隊大亂，人馬衝撞，陷入了難以控制的局面，苻堅幾次下令停止退卻，但如潮水般撤退的人馬已成潰敗之勢。

這時，謝石指揮東晉兵馬，迅速渡河，乘著敵人大亂的機會，如入無人之境，左右奔突，一路掩殺過去。混戰之中，前秦先鋒苻融被東晉軍亂刀砍死，苻堅也中箭受傷，倉皇逃竄。

商戰奇謀

今日人們常吃的速食麵，是一名台籍日本人從日常的現象中得到啓發，而創造出來的。

三十多年前，台籍日本人安藤百福在大阪市開了一家食品加工廠。他每天下班後都要乘坐電車回到自己居住的池田市。在車站附近，安藤常見到許多人擠在店前，等著吃拉麵。一開始，他對這種司空見慣的現象並不在意。但久而久之，他忽然從中悟出一個道理：既然拉麵這樣受歡迎，我做麵條生意不是很好嗎？這顯然是一個很值得開發的生意機會。因爲吃拉麵需要在拉麵店前等候，費時費力，很不方便。接著，他進一步思考：如果能發明一種只要用開水一沖就可以吃，而且本身帶有味道的麵條，一定會受到人們的歡迎。

於是，他買了一台製麵機，開始試製設想中的新型食品。試製過程不斷失敗，經過三年奮鬥，才終於成功。他的速食麵爲人們生活帶來方便，大受消費者歡迎。一包包的「雞汁速食麵」被顧客從貨架上取下來，又冒著香噴噴的熱氣出現在廣大用戶的餐桌上。僅僅八個月，便銷售了一千三百萬包。安藤百福也從一家小公司的經理一躍成爲雄霸一方的大企業主。

安藤百福開發新產品所以成功，是因爲他善於從日常的生活現象中發現人們的潛在需求，並努力滿足顧客的潛在需求。

雖然只是等車時靈機一動的念頭，可貴的是，他緊緊抓住靈感，堅信這是塊尙未開墾的新大陸，並且決策迅速、果斷，所以他成功了。

要想順手牽住機運這隻稍縱即逝的「羊」，需要培養見微知著的洞察能力，和聞風而動的應變能力，以便在「羊」一出現時就能辨認出來，隨即牢牢抓住。

美國佛羅里達州有個小商人，注意到家務繁重的母親們常常臨時急忙上街爲嬰兒購買紙尿片；於是靈機一動，想到要創辦一個「打電話送尿片」公司。

送貨上門本不是什麼新鮮事，但因爲送尿片本小利微沒有商店願意做。怎麼辦？這個小商人又靈機一動，他雇用全美國最廉價的勞動力——在校大學生，讓他們使用最廉價的交通工具——自行車。他又把送尿片服務擴展爲兼送嬰兒藥物、玩具和各種嬰幼用品、食品，隨叫隨送，只收%的服務費。結果生意越做越興旺。

經營者獲取市場訊息，制定經營策略，爲的是要把握機會。所謂機會是指隨時隨地出現的某種特殊條件，它帶有一定的偶然性，往往稍縱即逝。精明的人一旦順手「牽」住機會，就會以最快的速度開發它、利用它。眞正是「快一步天高地闊，慢一著滿盤皆輸」。

破解之道

「順手牽羊」常常不是等「羊」自動找上門來，而是刻意尋找敵方的漏洞，或誘使敵方出現漏洞並進一步利用漏洞，使自己牽羊時很「順手」。

在爭鬥中，機遇是非常重要的，敵方的疏漏往往是我方的機會。善戰者沒有不明白這一道理的。此計在市場廣告競爭中常常被採用，經營者為了突顯企業產品的優點，在自我宣傳的同時，往往順手牽羊，與競爭產品加以比較，間接貶低對方、提高自己。這種比較性的宣傳廣告，在電視、報紙上頻頻出現，是達到我方目的切實可行的好方法。

破解對方的順手牽羊，首先要自己嚴防密守，滴水不漏，對方難以找到你的錯誤，就不會施展出這種計謀。但是，只是一味被動的嚴防密守也不是成功的對策，最重要的是主動檢查自己，防微杜漸，才不會被對方輕易揪住你的「小辮子」。

攻戰計

決勝千里驚天地

流水向低，打敵向弱，水靠地形，打因敵情
月有圓缺，動有所險，水無常態，行無定規
行之不累，因其無防，攻之能勝，因其無備
守其難攻，攻其難守，避實擊虛，專一打十
十倍於敵，包而圍之，五倍於敵，進而攻之
二倍於敵，分而治之，弱勢於敵，避而迂之
必勝在手，先打後奏，預知必敗，可以違命
不求唯上，只求勝利，不避責罰，其人可貴

第十三計　打草驚蛇

兵法

疑以叩實，察而後動；複者，陰之媒也。

有疑問就要偵察核實，調查清楚之後再行動；「複」卦的原說，是對付敵人陰謀的手段。

歷史故事

打草驚蛇是中國古代的一句成語，說的是唐朝時候一個名叫王魯的昏官。王魯是當塗縣的縣令，他不爲百姓謀福利，卻整天想著如何搜刮民財、貪污受賄。

有一次，縣民控告他的部下貪贓枉法，希望能將其繩之以法。結果可想而知，王魯看到狀子之後，十分驚駭，在狀子上批了八個字：「汝雖打草，吾已驚蛇。」意思是說，雖然你們告的是我的部下，卻已經讓我心驚膽顫了。

從軍事戰爭的角度來說，打草驚蛇就是當敵人的兵力尚未暴露，意向不明的

時候，我方切切不可輕易挑戰，而應當查清敵方虛實之後，再做計畫，否則很可能會引出更大的麻煩。

對於強勢的一方來說，打草驚蛇可以引出敵人的主力部隊，然後將其一舉殲滅；而對於弱勢的一方而言，打草驚蛇只會引出更強大的敵人，給自己帶來致命的威脅。

西元前六二七年，秦穆公發兵攻打鄭國，按照計劃，他將和安插在鄭國的奸細裡應外合，一舉拿下鄭國都城。可是大夫蹇叔卻認爲秦國離鄭國路途遙遠，等秦國軍隊長途跋涉到達鄭國之後，對方肯定已經做好了迎戰的準備，到時對方以逸待勞，局勢將對秦國非常不利。可是秦穆公根本聽不進勸告，他派孟明視等三帥率部出征。

果然，在得到秦國襲鄭的情報之後，鄭國馬上採取措施，逼走了秦國安插的奸細，做好了迎敵準備。秦軍見偷襲的計畫失敗，只得班師回朝，一路上，大部隊長途跋涉，十分疲憊。

一日，部隊經過晉國境內的崤山地界，由於秦國曾對晉國剛死不久的晉文公有恩，所以秦軍料定晉國不會攻打自己。哪裡知道，晉國早在崤山險峰峽谷中埋伏了重兵，準備大開殺戒。

一日中午，赤日炎炎，當秦軍頂著烈日在路上行軍的時候，突然發現前方有晉軍的小股部隊在遊蕩，好像是在向秦國軍隊挑釁，秦軍大將孟明視一怒之下，決定追擊敵人。追著追著，晉軍突然消失得無蹤無影。孟明視一見此地山高路窄、草深林密，知大事不好，急令部隊掉頭。可惜爲時已晚，只聽四下鼓聲震天，殺聲四起，晉軍伏兵蜂湧而上，大敗秦軍，生擒孟明視。

就這樣，秦軍事先沒有詳細瞭解敵情，結果輕舉妄動，「打草驚蛇」，終於遭到慘敗。

商戰奇謀

艾柯卡二十一歲時進入福特公司，三十二年內，由見習工程師、推銷員歷任地區銷售副經理、總公司銷售部經理、副總裁，最終成爲福特汽車公司總裁。

他爲福特汽車公司創造了數十億美元的利潤，譜寫了一位打工者的輝煌記錄，是一位名副其實的「打工皇帝」。隨著艾柯卡在人們心目中的地位日益提高，樹大招風，功高蓋主。艾柯卡越來越受到公司老闆亨利・福特的猜忌與戒備。終

於，在艾柯卡五十四歲壯年之時，福特一腳將其踢開他，免去他公司總裁之職。

艾柯卡憤怒、徬徨、苦悶，但他沒有向命運屈服，決心振作起來，東山再起。他毅然入主克萊斯勒公司執掌帥印。但擺在他面前的卻是一個爛攤子：公司幾乎處於無政府狀態，紀律鬆弛，財務混亂，現金枯竭，產品粗製濫造、庫存積壓嚴重。就在艾柯卡上任當天，該公司宣佈連續三個季度的虧損達一億六千萬美元。在艾柯卡的領導下，克萊斯勒大刀闊斧地進行改革，公司面貌煥然一新，逐漸走上了正軌。

但克萊斯勒要在殘酷的市場競爭中站穩腳跟，必須有自己的主力產品。在艾柯卡的主導下，克萊斯勒把「賭注」押在早已絕跡的敞篷小轎車上。艾柯卡敏銳察覺到，當時西方社會已出現了一股復古懷舊的時尚風潮，而戰後出生的嬰兒潮，已成爲現今購買力的主力，他們追求的是新奇刺激。新型敞篷小轎車的重新推出，既會引起老一輩的懷舊情感，又會引起年輕一代的好奇關注。雖然該車型的市場前景看好，但大病初癒的克萊斯勒承擔不起任何風險，此一役只能成功，失敗就意味著死亡。

爲了有萬無一失的市場把握，艾柯卡決定採取「打草驚蛇」的試銷方法，親自體驗市場反應，爲新車上市鋪路。

艾柯卡讓工人按照自己的構思，建造了一輛具有動感活力，造型新穎的敞篷轎車。他親自駕駛這輛既漂亮又神氣的敞篷轎車上了高速公路。

在有頂汽車的滾滾洪流中，艾柯卡的這輛敞篷小轎車格外耀眼，彷彿是流動的精靈。不知不覺中，敞篷小轎車後面緊緊追隨著一長串汽車。幾輛被好奇心折磨得心癢難耐的車主，終於把艾柯卡的敞篷小轎車逼到路旁。追隨者把艾柯卡團團圍住，連珠炮似的問了一個又一個問題。

「這是新款轎車嗎？」

「這車是什麼牌子？」

「這車是哪個公司的？」

「這車在什麼地方能買到？」

艾柯卡面帶微笑地一一作答，心中對市場的前景已有了初步把握。

爲了進一步驗證消費者對這款新車的反應，艾柯卡又把敞篷小轎車開到居民社區、超市、娛樂中心、市中心。每到一處，人們都對敞篷車行注目禮，目光中充滿了驚奇與讚賞。

經過幾次「打草」，獲得了市場的廣泛關注，敞篷小轎車的口碑在人們口中相傳，連新聞界都表現出前所未有的熱情，對於一輛尚未上市的小轎車，這種宣傳盛況是空前的。

至此，艾柯卡已掌握了市場狀況，並根據消費者的建議，對敞篷小轎車進行了完善改良。

一九八二年，克萊斯勒宣佈正式推出「道奇400」新型敞篷小轎車。市場反應空前，許多消費者都迫不及待地預付訂金，以第一時間擁有此車為榮。

艾柯卡利用「打草驚蛇」的謀略，先聲奪人，「道奇400」新型敞篷車暢銷市場，使克萊斯勒公司多年來第一次走在其他公司前面。

破解之道

人們打草，是為了驚蛇，蛇受驚逃走了，人們在路上才會安全，受驚跑出來的蛇，目標明確，會被人一棍子打死。所以說，打草實際上是一種保護措施，是一種對敵人的警告，對於人類而言，打草驚蛇的效果是人的主觀願望，但是打草究竟能否眞的驚蛇，這並不是人能夠控制的，所以基本上，打草可能只是一種虛張聲勢而已。

破解此計的方法在於「千磨萬礪還堅定，任爾東西南北風」，無論對方做出什麼舉動來試探你、嚇唬你、警告你，你一定要記住：自己才是一個有力的進攻者，絕對不能夠被對方所動搖。你要堅持自己的行動，等到對方鬆懈以後開始進攻，往往能夠成功。

第十四計　借屍還魂

兵法

有用者，不可借；不能用者，求借。借不能用者而用之，匪我求童蒙，童蒙求我。

凡是朝氣蓬勃、有作爲的事物，都不能利用；而腐朽破敗，沒有什麼作爲的事物，要加以利用。利用沒有作爲的事物，並不是我受別人支配，而是我支配別人。

歷史故事

這裡的「屍」並非指眞正的屍體，而是指那些在別人看來沒有實際用處的東西。而所謂「借屍還魂」，就是利用那些在別人看來毫無價值的東西，變被動爲主動，用一切可以利用的力量，以達到改變形勢、最終得勝的目的。

歷史上常有很多謀朝篡位的人打著亡國之君的旗號，來號召天下，爲自己謀得權力。在行軍打仗的時候，也有很多戰略家透過「借屍還魂」的方式，把那些大家都不注意，對別人毫無用處的東西據爲己用而取得勝利。

話說秦朝的時候，皇帝昏庸，橫徵暴斂，百姓苦不堪言，紛紛準備組織起來反抗暴秦。可是凡事都要有個原由，如果沒有一個具有說服力的領導者，人們很難心服口服地聚集在一起，聽從一個人的號令。

說來也巧，秦二世元年的時候，身爲農民的陳勝、吳廣被徵發到漁陽戍邊。當他們走到大澤鄉時，突然連降大雨，道路被水淹沒，行程就這樣耽擱下來。而按照秦朝的法律規定，凡是不能按時到達指定地點的士卒，一律斬首。所以陳勝、吳廣知道，即使到達漁陽，他們也會因爲誤期而被殺，與其如此，還不如拼死一搏，尋求一條活路。他們知道同去的戍卒也都有這種想法，所以此時正是舉兵起義的大好時機。

然而陳勝地位低下，並沒有足夠的號召力。怎麼辦呢？陳勝靈機一動，決定利用當時兩位深受人民尊敬的名人（一個是秦始皇的大兒子、和善賢良的扶蘇，另一個是功勳卓著、威望極高的楚將項燕），來號召大家一起反抗暴秦。

爲了進一步籠絡人心，他們還利用當時人們的迷信心理，在魚肚子裡放上一

塊絲帛，上面寫「陳勝王」。士兵大驚，逐漸把這件事情傳開來。與此同時，吳廣又趁夜深人靜的時候，在曠野的荒廟裡學狐狸叫，士兵們還隱隱約約聽到空中有「大楚興，陳勝王」的口號。他們以爲陳勝不是一般的人，肯定是「天意」讓他來領導大家。

就這樣，眼見時機已到，陳勝、吳廣就率領戍卒殺死朝廷派來的將尉，揭竿而起。陳勝對前來參加起義的人說道：「反正也活不成了，我們不如跟他們拼個你死我活，就是死，也要死得轟轟烈烈。」於是，陳勝自號爲「將軍」，吳廣爲「都尉」，二人帶領部隊攻佔大澤鄉，勢力逐漸壯大，隨後大軍殺奔當時的秦國都城咸陽，一路上節節勝利，所向披靡。

商戰奇謀

洛杉磯奧運會上，中國代表李寧一人獨得三塊金牌，威震體壇，而健力寶飲料也在奧運會上初試鋒芒，贏得「中國魔水」美稱，這個中國大陸的飲料新星和中國體育明星一同爲大陸贏得了榮譽，也贏得了信譽。從此，健力寶與體育結下了不解之緣。「沒有中國體育的振興，就沒有健力寶的發展。」公司董事長兼總經理李經緯如此說。

回顧幾年來，健力寶從一個默默無聞的小酒廠發展成爲今日的初具規模，走過的歷程中，時時閃現體壇精英矯健的身影。在多少次重大的中外體育賽事活動中，由於健力寶的巧妙參與，其企業和產品的美好形象越來越鮮明地嵌刻在競技者和觀衆的記憶裡。從產品的孕育期、分娩期到成長期，他們都緊緊抓住了改革開放帶來的一切機遇，努力爭取社會各界，尤其是體育界、新聞界的充分支援。健力寶中國首創的運動員保健型飲料，從呱呱墜地之日始，就很有遠見地選定了體育作爲提高企業和產品知名度，以及開拓國內外市場的突破口。產品研製成功不久便被擺上了亞運足聯的會議桌上，頓時引起中外體育界的關注，爲進軍奧運會打下了牢固的信譽基礎。果然，在第二十三屆奧運會上，健力寶「中國魔水」的桂冠與大陸運動員淨光閃亮的獎牌結伴凱旋，此時此地，新聞媒介又助了健力寶一臂之力，迅即把資訊傳遍了海內外。從此之後，健力寶便一直成爲體育活動的「寵物」，新聞界津津樂道，各界人士慕名選購。健力寶人則因勢利導，充分藉助體育、新聞的媒體作用，全面掀起宣傳攻勢。

健力寶捨得耗費大量財力，在許許多多的國內外體育賽事中，形象可謂有目

共睹。其宣傳攻勢之猛，招式之奇，每令業內業外人士擊節歎服。

除此以外，「健力寶」集團還擅用「明星效應」：一九八九年四月二十一日，馳騁體壇十七年的李寧退役以後，出任了「健力寶」集團的總經理助理。隨後，藉助李寧的明星效應，迅速向國內外推出了「李寧牌」系列運動服，且一炮走紅，名揚海外。「健力寶」集團的影響早已擴及北美、西歐，並且正卯足勁要與可口可樂、百事可樂這些世界級飲品一較高下。百年老字型大小「可口可樂」正在中國昂首闊步，「健力寶」卻也到它的故鄉去瓜分地盤，而且整個過程絲絲入扣，每一步都有一個驚歎！

破解之道

借屍還魂最有特色之處，就是善於利用別人的力量來壯大自己，這在人類歷史發展中屢見不鮮，很多政治家就是藉著原來領袖的旗號來壯大自己的力量，很著名的例子有曹操的「挾天子以令諸侯」，藉著天子的旗號來壯大自己的勢力。

破解借屍還魂的最好辦法，就是以子之矛攻子之盾，因爲借屍還魂者常常是打著別人的招牌來充實自己的力量，所以他們所做的事情很多是名不符實的，這些人其實一直都有一些心虛，怕自己的言行矛盾處被別人看穿。如果你能找到足夠的證據來說明借屍還魂者的兩面性和虛僞之處，就能戳破其伎倆，使其潰敗。

第十五計　調虎離山

兵法

待天以困之，用人以誘之，往蹇來連。

等待天時對敵方不利時去困擾他，用人爲的假象去引誘他。敵人佔據堅固或艱險難攻的陣地，我們便返回，不再攻打。

歷史故事

所謂「調虎離山」，就是在戰場上遇到強敵的時候，不可與之硬碰，而應該用假象誘使敵人離開自己的大本營，令其喪失優勢，由主動變爲被動，我方則可以出其不意地發動攻擊，取得「逆轉勝」的目的。

調虎離山是應用非常廣泛的計策，像北魏太武帝拓跋燾在攻打西夏都城統萬，以及諸葛亮對付魏國大將曹眞的時候都曾經使用過這個計策，而要論古代戰爭史上最著名的一個案例，那就應該是《三國演義》當中孫策的盧江之爭了。

當時孫策只有十七歲，剛剛繼承父親孫堅的事業。他年少有爲，發奮圖強，在他的領導下，吳國一天天壯大起來。西元一九九年，孫策準備向北推進，奪取長江之北的盧江郡，以便將其作爲吳國的橋頭堡。

可是當時佔據盧江的劉勳不僅有野心，而且勢力非常強大。孫策知道如果硬攻的話，取勝機會很小。於是他和衆將商議，定出了一條調虎離山的計策。

孫策派人給劉勳送去一封信和一份厚禮，在信中，孫策把劉勳大肆吹捧一番，並表示希望與他成爲盟友。孫策自示弱小，向劉勳求救，請求劉勳出兵遠征經常騷擾吳國的上繚。劉勳見孫策極力討好他，萬分得意。由於上繚是一個十分富庶的地方，劉勳本來就覬覦已久，只是因爲不明白吳國的立場，所以遲遲沒有發兵。看到這封信之後，劉勳認定孫策是個軟弱無能的孩子，於是就立刻決定發兵上繚。

等到劉勳的大兵出動以後，早已經準備妥當的孫策心中大喜，說道：「老虎已被我調出山了，趕快發兵，去佔據牠的老窩吧！」他立即率領人馬，水陸並進，向盧江撲來。由於主力人馬都已經被劉勳帶走，盧江城內空虛，所以一路上，孫策幾乎沒遇到頑強的抵抗。

與此同時，劉勳卻在上繚與敵人陷入了僵持，久久不能取勝，正在苦惱時，他突然得知孫策已取盧江，方知道原來中了別人的計策，可惜為時已晚，後悔來不及了。萬般無奈之下，他只得灰頭土臉地投奔曹操。

商戰奇謀

王經理經營的「珠光商場」、「珠光酒店」、「珠光賓館」系列，號稱「珠光城」。珠光城在中國大陸省城是「城」上明珠，商場、酒店、賓館三位一體，經營有方，獲利可觀，王經理也是省城的知名人士。最近，王經理爭得一地，準備再建一個「珠光夜總會」，並打算從本市的大發大理石加工廠購進一批大理石。

王經理跟大發大理石加工廠韓經理商定，三天後進行談判。韓經理知道，珠光城的王經理之所以選擇大發大理石加工廠，是因為附近只有他們工廠生產的大理石品質最好，足以和進口大理石媲美，價格又比進口大理石便宜得多。韓經理是一個很有野心的人，他想在談判時提出一些要求做為銷售大理石的交換條件，他不是想爭取高價格，而是想入股「珠光城」。

第四天，談判開始了，寒暄之後，王經理轉入正題，提出大量購進一批大理石。

韓經理當即同意，並提出自己想入股珠光城，否則不願把大理石賣與對方。王經理沒有同意，談判不歡而散。王經理回去後，正爲大理石一事發愁，一個剛成立的大理石廠經理找上門來，要以較低的價格賣大理石給珠光城。王經理知道，這個剛成立的大理石廠產品肯定不如大發大理石加工廠，但他還是守住這個人，並約定次日見面。

韓經理知道這事後，立即慌了，他沒料到珠光城會和別的廠家交易，只好立即答應一切條件，再也不提入股珠光城一事。

王經理成功運用了「調虎離山」之計，調開了韓經理投資珠光城的野心，促使他爲保住銷路而和自己做這筆大理石生意。

破解之道

調虎離山的高明之處就是避強擊虛，選擇敵人最薄弱的環節來進攻，常能勝券在握。這就是用自己的長處和別人的短處競爭的典範。如果強龍在潭、猛虎在穴的話，硬攻就是白費精力，而且還會白白送命。孫子以爲，攻打堅固城池是下

等戰策。上策就是引龍離潭、調虎出山，然後再消滅牠們。

調虎離山和聲東擊西一樣，都是用假動作誘敵。如果你對敵人的意圖能洞若觀火，就不會上當。處理周圍的事情要冷靜，如果不能夠冷靜面對自己的敵人，調虎離山之計就變得防不勝防，你也會因而吃大虧。

第十六計　欲擒故縱

兵法

逼則反兵；走則減勢。緊隨勿迫。累其氣力，消其鬥志，散而後擒，兵不血刃。需，有孚，光。

攻擊敵人過於猛烈，就會遭到反撲；讓敵人逃跑，反而能削弱敵人的氣勢。緊緊地追蹤他，消耗他的體力，消磨他的鬥志，等敵人兵力分散時再去擒拿他們，不經過血戰就可以取得勝利。按「需卦」的演推方式等待，讓敵人相信還有一線光明。

歷史故事

所謂「欲擒故縱」，就是在和敵人交戰的時候。適時退讓反而是最好的進攻。如果把敵人逼急的話，他會全力反撲，勢如拼命。在這種情況下，與其步步緊逼，倒不如暫時放鬆一步，使敵人喪失警戒，鬥志鬆懈，然後再伺機而動，殲滅

敵人。

《三國演義》當中的「諸葛亮七擒孟獲」，就是軍事史上「欲擒故縱」的絕妙體現。話說諸葛亮輔助劉備建立蜀漢之後，定下北伐大計。正在這個時候，盤踞西南的夷族酋長孟獲率十萬大軍侵犯蜀國。爲了徹底解決北伐的後顧之憂，諸葛亮決定親自率兵先平定孟獲。蜀軍主力到達金沙江附近之後，諸葛亮派人誘敵出戰，並事先在山谷中埋下伏兵，結果孟獲中了埋伏，成了蜀兵的俘虜。

擒住孟獲之後，很多將領都認爲既然已經捉住敵人的主帥，就應該乘勝追擊，將敵人一舉殲滅。可是諸葛亮卻不這麼認爲。他考慮到孟獲在西南夷族各部落中有很高的威望，乘勝追擊的話，蜀軍就不免遭到敵人的頑強抵抗，最終雙方都會有死傷，而且這些部落也不會因此停止侵擾，後方終究難以安定。相比之下，如果能讓孟獲心悅誠服，主動請降，就能讓蜀國的後方眞正穩定下來。諸葛亮決定釋放孟獲，當孟獲告訴諸葛亮：「我下次一定能夠打敗你」，諸葛亮只是微微笑了一下，並沒有回答。孟獲回營之後，馬上命令手下拖走瀘水上的所有船隻，準備據守瀘水南岸，阻止蜀軍渡河。但他沒有想到，諸葛亮此時卻乘敵不備，從敵人不設防的下游偷渡過河，並襲擊孟獲的糧倉。孟獲大怒，準備嚴懲手下的將士，結果激起將士的反抗，他們趁著孟獲沒有防備的時候，將孟獲捆綁起來，送到蜀營，交由諸葛亮發落。諸葛亮見孟獲仍然不服，於是再次將他釋放。

就這樣，面對孟獲一次又一次的計策，諸葛亮都從容地一一化解，直到最後，諸葛亮火燒孟獲的藤甲兵，第七次生擒孟獲，終於感動了他。孟獲眞誠感謝諸葛亮七次不殺之恩，發誓效忠蜀國，再也不謀反了。從此，蜀國西南安定團結，爲諸葛亮北伐奠定了基礎。

商戰奇謀

很多台北人在年節想買些食品罐頭饋贈親友，或買肉鬆、臘肉解解饞時，立即會想到位於博愛路台北郵局隔壁的美味香食品行。這是一家經營了五十年之久的老店，誰也不會想到其維持聲譽於不墜的理由，竟然是——每天限量販賣。如果有顧客上門來，買不到東西，就告訴他明日及早光臨。

那麼，爲何不多製造商品，方便顧客的需求呢？原來，「寧缺毋濫」是美味香食品行的經營原則。雖然這不是一間門面堂皇的店鋪，可是爲了維護聲譽，也需要花費相當的心血，自選購採買至接待顧客，在老闆、師傅與售貨員的通力合

作之下，贏得客人全心信賴。

這家食品行的另一個經營原則是——不做外銷。美味香食品行的招牌食品是煙熏火腿。煙熏製品是一門藝術，作料、滷汁、火候都需要講究，美味香的熏品是只問質精，不求量多，爲不使顧客對該行的食品失去信心，寧可請他明日及早光臨，絕不以火候不夠的產品供應。這就是它不願拓展外銷市場的原因，以免在接受大批訂貨時，趕製不及，或濫竽充數，而影響了五十年來辛苦建立的信譽。也因爲注重原料取材與製造，該食品行出產的煙熏火腿價格不低。儘管如此，上門的顧客還是絡繹不絕。美味香食品行每天有三百條左右的火腿出爐，手腳不夠快的人總會失望而歸。因爲那些貨，早就被前一天「落空」的顧客們訂走了。

「敬請明日光臨」這一招十分奏效。一來，美味香的食品一直以品質精良聞名，贏得了顧客的信任，老主顧也特別多；二來，「吊」人胃口的效果極佳。許多顧客聞「香」而來，垂涎欲滴地等候，一旦買不到便「耿耿於懷」，第二天非早來不可。

美味香食品行不使所有的顧客都得到滿足，「縱」走了今日未能如願的顧客，卻「擒」住了明日勢在必得的顧客和每天穩定的消費群；「縱」放了近利，但是以「寧缺毋濫」取信於顧客，從而「擒」住了五十年不衰的聲譽。

在談判中，這種欲擒故縱的技巧也是常用的。美國某航空公司要在紐約建立一座巨大的航空站，要求愛迪生電力公司按優惠價供電。電力公司認爲對方有求於我，自己佔有主動地位，故意推說公共服務委員會不批准、不予合作。在此情況下，航空公司主動中止談判，揚言自己建廠發電比依靠電力公司供電更合算。電力公司得知這一消息後，擔心失去賺大錢的機會，立刻改變態度，還託公共服務委員會前去說情，表示願意以優惠的價格給航空公司供電。

在這筆大交易中，處於不利地位的航空公司巧於打草驚蛇，欲擒之，暫且放任之，形成了主動地位。這樣，不費一槍一彈，便得到了很大的利益。企業之間的貿易談判，時常要用到「欲擒故縱」之計。比如討價還價，當對方不同意你希望成交的價格，你就掌握時機，正確發揮「轉身就走」的最後通碟優勢。這一來，折挫了對方的氣勢，他反而會接受你的殺價。

欲擒故縱，乃是矛盾的統一。欲擒不得，方藉助於「縱」；倘若手到擒來，也不必勞神費力地「縱」了。「縱」不是放虎歸山，爲了完成最終目的，有技巧的放縱一下，是策略的需要。

破解之道

欲擒故縱是利用別人的厲害得失，用以退求進的辦法來爲自己增加有力的籌碼。欲擒故縱最高明之處，表現在和別人兜圈子的時候。欲擒故縱之所以能夠頻頻得逞，就是因爲這種計謀常常是拿別人的利益做要挾，使別人處於被動的地位。袁世凱當年就經常玩弄欲擒故縱的手法。

對方使出這種計謀的時候，往往是有所求，或者是對當前的利益不滿足，很多時候，欲擒故縱的手法都是一種變相的威脅。

如果是在商業談判，或者雙方立於平等的交易中，欲擒故縱是可以破解的。例如採用「矇騙計」，也就是當別人在你面前欲擒故縱的時候，你可以假裝根本不在乎，讓對方以爲他在你的眼裡根本不重要，這麼一來，對方的欲擒故縱就難以施展了。或者採用「以攻爲守」，首先挑剔對方的種種，讓對方覺得你不願意與他合作，他可能就會適當讓步，也就不可能施展欲擒故縱的計謀了。

第十七計　拋磚引玉

兵法

類以誘之，擊蒙也。

用類似的東西去引誘敵人，從而打擊被矇騙的敵人。

歷史故事

「拋磚引玉」是用相類似的事物去誘騙對方，使其不明就裡而中我圈套，然後乘機擊敗敵人的做法。「磚」在這裡指的是小利，也就是引出敵人的誘餌；而「玉」則是指我方的眞正目的。在這個過程當中，「拋磚」只是一種爲了達到目的而使用的手段，眞正的目的是「引玉」，也就是取得最後的勝利。

西元前七〇〇年，楚國發兵攻打當時一個名叫絞國的小國，大軍一路所向披靡，可謂戰無不勝，攻無不克。不幾日，楚軍便兵臨絞國城下，逼迫絞國出城迎戰，絞國自知不敵，於是決定堅守不出。

雖然楚軍先後發動了多次進攻，可是由於絞國佔據地利之便，易守難攻，所以楚軍一無所獲。就這樣，攻防之間，不覺一個多月過去了。就在這時，楚國的大夫屈瑕向楚王獻上一條「拋磚引玉」的計謀。他說，「既然我們無法攻破敵人，倒不如把他們引出來。」屈瑕建議趁絞城中缺少薪柴的時候，派些士兵裝扮成樵夫上山打柴，這樣，敵軍一定會出城劫奪柴草。剛開始的時候，要讓他們先得一些小利，等他們派大批士兵出城劫奪柴草之時，我方就在路邊埋伏，切斷他們的後路，然後聚而殲之，乘勢奪城。楚王於是依計而行，命一些士兵裝扮成樵夫上山打柴。

果然不出所料，聽探子報告有挑夫進山，絞國的國君絞候馬上佈署人馬，對這些挑夫發動突擊，抓了三十多個挑夫，奪得不少柴草。見有利可圖，絞國派出劫奪柴草的士兵人數也越來越多。楚王見敵人已經呑下釣餌，便決定抓住時機，及時發動進攻。

到了第六天，絞國士兵像前幾天一樣出城劫掠，挑夫們見絞軍又來，嚇得四處逃竄，絞國士兵緊緊追趕，不知不覺被引入楚軍的圈套。一時間，只見伏兵四起，殺聲震天，絞國士兵哪裡抵擋得住，慌忙敗退之際又被伏兵斷了歸路，逃無可逃，只得投降。楚王此時趁機攻城，絞侯自知無力抵抗，只得歸降。

商戰奇謀

中國河南開封市是中國七大古都之一，特別是北宋時期，它曾有過一段輝煌的歷史。在該市中心的龍亭公園潘楊二湖畔仿建起一條「宋調度御街」，它全長四百公尺，從街頭向北筆直的大道望去，遠處的龍亭大殿依稀可見。大道兩側的建築物高低錯落，雕樑畫棟，尤其是臨街處東西對稱的兩個角樓，更顯示出宋代建築風貌的精美別緻。

精明的河南人充分利用古都風華之美，根據各自的經營特點掛出招牌、匾額、楹聯，所有從業人員都摹仿穿宋朝服，依照宋代經營方式，從事商業活動，使人能夠一睹八百年前宋代的風土人情，十分有趣。一跨進「惠民藥局」，只見櫃內有幾位宋代裝束的人正忙碌著。「老郎中」在爲病人切脈，夥計在爲病人抓藥，重現了宋代中藥店的格局和經營方式。匾額上寫著「東京鏢局」的店鋪門前，整整齊齊擺著十八般兵器，威風凜凜。店鋪上方，一根高高的鐵旗上掛著一面黃色的旗幡，繡著圖案。店裡所售的都是現代的保安器材。保安公司開設的這

家器材商店，巧取「鏢局」之名，很有幾分神似。利用古都名城的自然景觀經商，既能夠向遊客展示當地的風土人情，又可以透過仿古招攬大批客人，商機無限。

現代人生活在競爭激烈的快節奏社會中，很羡慕古人悠哉游哉的生活。善於做買賣者就利用人們「發思古之幽情」的心理，大量建造仿古建築，把古代的建築美與現代的商業活動結和起來，既增加了旅遊景點，又帶來了很高的經濟效益。天津有名的仿古建築「食品一條街」，即是一個成功的例子。「願者上鉤」式的經營模式，在現代商場是無法立足的。經營者要主動祭出「魚餌」，餌香才能釣到大魚。

重慶日用化工廠生產一種新型液體鞋油，如果要等待顧客瞭解產品再打開銷路，只怕緩不濟急，怎麼辦呢？

他們推銷有術。推銷員在市場上邊賣邊喊：「擦皮鞋不要錢，買不買隨你便。」吸引了大量行人。他們義務爲顧客擦皮鞋，當場使一雙雙沾滿塵土的皮鞋閃閃生輝。顧客們見到這種鞋油價廉物美，便爭先恐後地購買，而且還當義務宣傳，四處去說。

這種液體鞋油很快就聲名大噪，自然大發利市。當然，類似「抛磚引玉」的「香餌誘魚」，絕不是要欺詐顧客，而是要以貨眞價實的顧客需要來吸引顧客。以餌騙人是不道德的短命生意。

美國柯達公司是攝影器材業的先驅，其所生產的照相機、相紙、底片及沖印服務，曾一度執世界之牛耳。但是，在專業的領域內，柯達公司眞正傲視群倫的是底片和相紙。

不過，即使是底片、相紙和沖印，柯達公司也遭遇強敵競爭。日本的富士、櫻花，西德的愛克發等名牌也積極開拓市場，而且以較低的價格爭取市場佔有率。因此，柯達的聲勢近年來已不如往昔。一九八四年洛山磯奧運會由美國主辦，但一切攝影有關的器材，均採用日本富士的產品，即可見一斑。

柯達早年爲擴大底片沖印和相紙市場，曾經使出一招「抛磚引玉」的計策，即發展出一簡單易操作的「立即自動對焦」照相機。該機的特色是構造簡單、使用方便，且無須測光對焦，只要對準攝影的目標按下快門，就完成照相的動作，是任何不懂照相原理的人都可以使用的產品，因此有人稱之爲「傻瓜相機」。

這種「傻瓜相機」是柯達公司投入龐大的研究經費才開發成功的，照理說，

售價應高於一般照相機，然而，傻瓜相機上市之後，售價卻出人意料的低廉。

究其眞正的目的，乃在於柯達想藉便宜簡易的相機爲先鋒，增加使用照相機的顧客，以便擴大相紙和底片的市場。相機的銷售可能沒有利潤，甚至虧本，卻可由相紙和底片獲得更大的利潤。

柯達利用相機作爲「先行的犧牲品」，掩護相紙、底片，乃至沖印服務的行銷策略，就是「拋磚引玉」。

破解之道

拋磚引玉可以說是十分常見的謀略。

它在中國已經深入到老百姓心底，比如送禮找人辦事情，就是一種最爲常見的拋磚引玉。用自己的禮品託人辦事，一點小禮物就能解決自己的大問題。

對方拋出「磚」，企圖要引出我方的「玉」，若是對我方沒有損失的話，可以不加理會。而若其中有陰謀，就一定要多加注意，或者是伺機消滅，或者是及時反應，使對方難以有所行動。

第十八計　擒賊擒王

兵法

摧其堅，奪其魁，以解其體。龍戰於野，其道窮也。

摧毀敵人的中堅力量，抓獲敵人的首領，就可使敵人全軍解體。無首的群龍在曠野拼鬥，已經到了末路。

歷史故事

「擒賊擒王」一詞出自唐代詩人杜甫的《前出塞》。杜甫在詩中寫道：「挽弓當挽強，用箭當用長，射人先射馬，擒賊先擒王。」這首詩的意思是說，在兩軍交戰的時候，指揮者不能只滿足於小勝利，要想打垮敵軍主力，就必須有大局的眼光，首先要擒拿敵軍首領，因爲只有這樣，才能使對方陷入群龍無首的局面，直至徹底瓦解。

話說唐朝高宗的時候，西突厥的勢力非常強大，經常騷擾唐朝邊境，可謂燒

殺搶掠，無惡不作。為了穩定邊境地區，徹底剿滅西突厥的勢力，唐高宗任命左驍衛大將軍梁建方和右驍衛大將軍契苾率領八萬人馬，前往攻打西突厥沙缽羅可汗阿史那賀魯。兩位將軍果然驍勇善戰，用兵如神，不久便取得了輝煌戰果，先後攻破了西突厥多個部落。

在此之後，唐軍又乘勝追擊，進一步討伐沙缽羅部，也同樣大舉得勝，先後斬殺了敵軍一萬多人，讓西突厥各部聞風喪膽，落荒而逃。就這樣，西域地區也暫時安寧。可是由於這兩次出征，唐軍都沒能抓到敵人的頭目，並沒有徹底勝利，等唐朝大隊人馬撤退之後，突厥部落又重新殺回，變本加厲地燒搶邊境地區。為了徹底平息侵擾，西元六五七年，唐高宗任命右屯衛將軍蘇定方率領大軍第三次出征西突厥。

蘇定方果然不負重託，出征之後，一路所向披靡，在今天的額爾齊斯河上游大敗沙缽羅部，將對方逼退三十餘里，斬殺數萬人，打得敵人狼狽逃竄。為了斬草除根，蘇定方急令部隊奮起直追，務必將敵人徹底剷除。就在發起追擊的第二天，突然大雪紛飛，一夜之間，地面覆蓋了厚達兩尺的積雪。

在這種情況下，有人建議蘇定方暫停進攻，因為雪太深，大軍行進非常吃力。可是蘇定方堅持認爲：「擒賊應擒王，這次一定要擒獲沙缽羅，方肯罷休。」隨後，蘇定方率軍冒雪前行，直至將沙缽羅及其衆親信等一併擒獲，徹底平定了西域各部，使得唐朝西部地區有了較長時間的安寧。

商戰奇謀

日本新力公司的彩色電視機早已享譽全球。但是七〇年代中期，新力在美國還是名不見經傳的「雜牌貨」，當日本新力公司的卯木肇先生風塵僕僕來到美國芝加哥市，擔任新力公司國外部部長時，新力彩色電視竟在當地寄賣商店裡滯銷，蒙塵垢面，幾乎乏人問津。

在日本國內暢銷的優質產品爲什麼一到美國就落得如此下場呢？卯木肇日夜思考這一問題。

新力前任國外部部長曾多次在芝加哥報紙刊登廣告，削價銷售新力電視機。然而，即使一再降價，打不開銷路，而削價更使商品形象每下愈況。

面對如此難堪的局面，卯木肇苦苦思索，幾乎一籌莫展。一天，他偶然經過一處牧場。當時夕陽西下，飛鳥歸林。一名稚氣的牧童牽著一條健壯的大公牛進

牛欄。公牛的脖子上繫著一個鈴鐺，叮噹叮噹地響著，一大群牛跟著這頭公牛屁股後面，溫馴地魚貫而入。卯木肇看著看著，忽然大叫一聲「有了」。原來，他觸景生情，靈感突發，悟出了推銷彩色電視的辦法：眼前這一群牛兒規規矩矩地聽命一個不滿三尺的牧童，是因爲牧童牽著一隻「帶頭牛」，新力彩色電視要是能找到一家「帶頭牛」商店率先銷售，不是很快就會打開銷路嗎？

經過研究，卯木肇選定當地最大的電器銷售商馬希利爾公司爲主攻對象。第二天上班時，他興沖沖地趕到馬希利爾櫃檯，求見公司經理。名片遞進去很久才被退回來，回答是：「經理不在。」

卯木肇先生心想：剛剛上班，經理肯定在辦公室；也許是他太忙，不願接見，明天再來吧！第二天，他估算了一個經理較閒的時候去求見，這次仍沒見到。

直到第四次求見，卯木肇才見到經理。

「我們不賣新力的產品，」沒等卯木肇開口，經理劈頭就是一句，接著大發一通議論。大意是：「你們的產品降價拍賣，像一隻癟了氣的皮球，踢來踢去無人要。」

爲了事業，卯木肇忍氣吞聲，陪著笑臉唯唯諾諾，表示不再搞削價競爭，立即著手改變商品形象。

回去以後，卯木肇立即從寄賣商店取回新力彩色電視，取消降價銷售，並在當地報刊上重新登廣告，再造商品形象。

卯木肇帶著刊登新廣告的報紙，再次去見電器公司經理。那位經理以「新力售後服務太差」爲由，拒絕銷售。

卯木肇二話沒說，回駐地後立即設置新力彩色電視特約維修部，負責產品的售後服務工作，並重新刊登廣告，公佈特約維修部的地址和電話號碼，保證顧客隨叫隨到。

誰知馬希利爾公司經理在第三次見面時，再度以「新力知名度不夠，不受消費者歡迎」爲由，拒絕銷售。

儘管如此，卯木肇沒有灰心，他回公司後，立即召集三十多位工作人員，規定每人每天撥五通電話，向馬希利爾公司詢購新力彩色電視。接連不斷的求購電話，搞得馬希利爾公司的職員暈頭轉向，誤將新力彩色電視列入「待交貨名單」。

卯木肇再一次見到經理時，經理大爲惱火：「你搞什麼鬼？製造輿論，干擾

我公司的正常工作，太不像話了！」

卯木肇不慌不忙，待經理氣消了一點後，大談新力彩色電視的優點，並鼓吹它是日本國內最暢銷的商品之一。他誠懇地說：「我三番兩次求見你，一方面是爲本公司的利益，但同時也考慮到貴公司的利益。在日本暢銷的新力彩色電視，一定會成爲馬希利爾公司的搖錢樹！」

經理聽了這番話以後，又找了一條理由：新力產品利潤微薄，比其他彩色電視的折扣少。

這時，卯木肇不是急於提高折扣，而是巧妙地說：折扣多的商品擺在櫃上賣不出去，貴公司獲利不會增多；新力折扣雖少一點，但商品好，銷得快，資金周轉快，貴公司不是獲得更大利益嗎？卯木肇每一次發言，都站在經理的立場，處處爲馬希利爾公司的利益著想，合情合理，態度誠懇，終於使這位經理動了心，勉強同意代銷兩台彩色電視。但條件十分苛刻，如果一週之內賣不出，就要他搬回去。

卯木肇滿懷信心，回駐地後立即選派兩名能幹的俊俏推銷員送兩台彩色電視去馬希利爾公司，並告訴這兩名員工，這兩台彩色電視是百萬美元訂單的開端，要他們送到貨後立刻上架，與馬希利爾公司店員並肩推銷。

臨走時，卯木肇先生還要求他們與店員搞好關係，休息時輪流請店員到附近咖啡館喝咖啡。如果一週之內這兩台彩色電視賣不出去，他們就不要再回公司了……

當天下午四點鐘，兩位年輕人回來，報告說兩台彩色電視已經賣出去，馬希利爾公司又訂了兩台。卯木肇非常高興。

至此，新力彩色電視終於擠進了芝加哥市「帶頭牛」商店。當時正值十二月初，是美國市場家用電器銷售旺季，經過一個耶誕節，一個月內竟賣出七百餘台。

馬希利爾公司大發利市，經理立即刮目相看，親自登門拜訪卯木肇，並當場指定新力彩色電視爲該公司下年度主銷產品，聯袂在該市各大報刊登巨幅廣告，提高商品知名度。有馬希利爾公司這條「帶頭牛」開了路，芝加哥地區一百多家商店跟在後面，紛紛要求經銷新力彩色電視。不到三年，新力彩色電視在芝加哥地區的市場佔有率達到三○%。

由於有了芝加哥這頭帶頭牛，新力彩色電視在美國其他城市的局面也打開了。卯木肇認爲，三個地區總銷量占八%以上的少數幾家商店，是最值得注意的客戶；他們有強大的銷售能力，能發揮「帶頭牛」的作用。但這些客戶財大氣粗，難以開拓。如果推銷員缺少韌性，沒有鑽勁，一碰壁便氣餒而歸，去尋找那些易打交道的商店，商品的銷路是難以打開的。

卯木肇的觀點正符合「擒賊擒王」的策略。馬希利爾公司是芝加哥電器銷售行業中的「帶頭牛」，也就是這行業的「王」。卯木肇在新力彩色電視倍受冷落的情況下，從牧童放牛得到啓發，決定抓住問題的關鍵。

他以百折不撓，不達目的誓不罷休的精神向馬希利爾公司進攻，終於穩主這條「帶頭牛」，也就是「擒」住了芝加哥電器銷售行業的「王」，此後，一切問題迎刃而解，新力彩色電視佔領了芝加哥市場，進而進軍全美國市場。

這正是「擒賊擒王」計的威力。

在現代商戰中，無論決策和處理問題都必須掌握重點，在衆多競爭者中，要能分辨誰是主要敵人，對於本身的業務，則要判斷何者爲關鍵業務。只要能分辨主要敵人，掌握關鍵業務，其他的細微末節就不難處理了。

破解之道

要想制服一個有組織的團體，最有效的方法就是利用這個組織內部的矛盾使用反間計，正是所謂「堡壘最容易從內部攻破」。只是，反間計固然有效，但必須要有一定的機會，如果沒有適當的機會就很難派上用場。另外一種方法是從正面進攻，找到這個組織的核心，如果能夠成功制服核心，其他就會自然瓦解，所以說辦事要抓住關鍵地方。但是，最核心的部分常常是難以接近的，就像擒王一樣，並不是那麼容易，所以擒王常常要有很多謀略，最常用的有調虎離山、聲東擊西。

破解對方「擒賊擒王」的計謀，首先要嚴密保護我方核心，讓對方沒有直接進逼的機會；其次，就是要防備對方採用聲東擊西和調虎離山的策略。如果用很多人力去保護核心，不讓其他的勢力來犯，必然會形成一個中心，這個時候很容易中別人的調虎離山之計。只要能夠保證以上兩點，就能夠破解擒賊擒王的計謀。

混戰計

八面埋伏戰無敵

佯動示情，可知敵脈，挑逗觀態，可知虛實
小打小試，可知強弱，大暴我假，誘其顯真
藏智掩詭，圍城打援，呈亂伏整，暗渡陳倉
能打裝悚，想打裝迷，打遠看近，擊腰看頭
天災人禍，或可難違，決策失誤，部下難當
危中見明，大事尚行，險中知路，一息可存
知大看小，盯漏防叛，狡兔三窟，處亂不驚
強中知弱，不積大病，勝中察患，禍事可免

第十九計　釜底抽薪

兵法

不敵其力，而消其勢，兌下乾上之象。

如果不能克服敵人剛強的力量，就應削弱敵人力量的來源，從「履卦」的原理出發，分離至剛至陽的力量。

歷史故事

從兵法的角度來說，所謂「釜底抽薪」，就是在與敵人作戰的時候，要首先避開敵人的鋒芒，找到對方最根本的弱點，然後將其一舉擊潰，徹底解決問題。

西漢的時候，吳王劉濞野心勃勃，他與楚漢等七個諸侯國密謀結合起來，準備發兵叛亂。爲了瓦解漢朝的力量，他們計畫首先攻打忠於漢朝的梁國。

聽聞消息之後，漢景帝派出大將周亞夫率三十萬大軍，前往平定叛亂。就在這時，梁國向朝廷求援，說劉濞大軍壓境，梁國已經損失數萬人馬，快要抵擋不

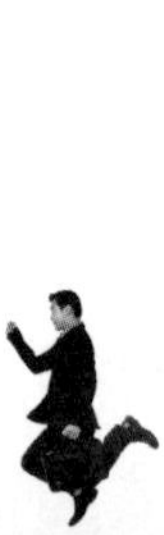

住了，請朝廷急速發兵救援。漢景帝命令周亞夫即刻發兵去梁國解危。可是周亞夫卻說，劉濞的部隊由吳、楚兩國聯合而成，銳不可擋，而且在經過了一連串勝利之後，部隊如今士氣正旺。在這種情況下，周亞夫認爲暫時不應該與敵人正面交鋒，而應該避開他們的鋒芒，伺機找出他們的弱點，然後一舉將其擊破。

漢景帝認爲周亞夫說得有道理，於是問他準備用什麼計謀擊退敵軍。周亞夫說：「對方出兵遠征，糧草供應是一個非常重要的環節，如果能切斷他們的糧道，敵人就必定不戰而退。」當漢景帝問如何切斷敵人的糧道時，周亞夫說：「滎陽是扼守東西二路的要衝，我們必須搶先控制住這個地方，一旦得手，敵人的糧草就無法從此處獲得。我相信，過不了多長時間，他們就會糧草斷盡，不戰而降。」

計定之後，周亞夫派重兵控制滎陽，切斷敵人糧道，並親自率領大軍襲擊敵軍後方重鎮冒邑。聽到這個消息之後，劉濞大驚失色，他萬萬沒有想到周亞夫居然抄了自己的後路，於是下令部隊迅速往冒邑前進，攻下冒邑，打通糧道。可是讓他大爲失望的是，周亞夫並不與其直接交戰，而是避其鋒芒，堅守城池。吳楚軍隊數次攻城，都被城上的亂箭射回。劉濞無計可施，數十萬大軍駐紮在冒邑城外，不到幾天，糧草就已經斷絕。周亞夫見敵軍已數天饑餓，毫無戰鬥力了，馬上調集部隊，發起猛攻。叛軍大敗，劉濞落荒而逃，後來在東越被人殺害。

商戰奇謀

在中國，「不怕不識貨，就怕貨比貨」早已成爲大衆口頭禪。在中國大陸市場疲軟的一九八九年、一九九〇年，很多優秀的企業，正是靠品質、多變化的品項度過了低谷。目前，已有越來越多的企業經營者體認到「品質是產品的生命線」。

羽絨被在冬季本是暢銷的時令商品，但一九九〇年初來自上海繁華商市的資訊，卻表明情況並非完全如此。

就上海市第一百貨公司店頭市場來說，羽絨被銷售的冷熱反差懸殊。一邊貨架上的商品雖然琳琅滿目，有浙江、江西、安徽、河南等地的產品，含羽量各不相同，可是問津者寥寥無幾。另一邊情況則迥然不同。

櫃檯前，國家二級企業浙江麗水羽絨廠的橫標非常醒目，透明的玻璃窗內，麗水羽絨廠正在進行「現場作業」。幾名頭上沾著白色羽絨的售貨員正忙得不可開

交，他們按照顧客挑選的羽絨、布料及重量現充現賣。

數十人排隊爭相購買，經過的顧客不時加入到隊伍中。一對青年男女眼盯著他們選的羽絨在電子秤精確計量後，被塡進一條他們中意的被套中，當場縫製完畢，他們心滿意足地擠開人群走了出來。

把櫃檯當「工廠」，現買現賣，這是麗水羽絨廠異想天開的絕招。原來，全中國大陸上百家羽絨廠的數百種羽絨被源源抵滬，其間難免魚目混珠。隨著消費者不斷投訴，羽絨被在上海的聲譽大跌，市場銷售由熱變冷。

在這種困境下，麗水羽絨廠拿出了自己的絕招。他們看透了消費者的心理，推出現場充塡羽絨被的業務，讓顧客可以全部看到充絨量、布料、尺寸等，又可以自由選搭，消除了顧客對羽絨製品的疑慮，獲得顧客的信任。這手絕招雖有些異想天開，畢竟成功了，而且令人歎服。

相較其他企業，浙江麗水羽絨廠多了一個心眼。它不效仿其他企業擴充廣告宣傳，四處遊說推銷，而是抓住了現代企業經營的信條——品質，來個「釜底抽薪」，抽走了顧客對產品品質不良的疑慮。

可口可樂最主要的原料是糖，為防止原料糖價上漲影響其價格，可口可樂公司在國際市場長期從事糖的期貨貿易，以防有人行釜底抽薪之術，動搖公司的根本，道理就在此。

破解之道

如果把敵人比做一鍋正在沸騰的熱水，而我方的任務是讓這鍋水停止沸騰的話，那什麼是最好的方法呢？顯然，就是把鍋底正在加熱的薪柴取走，一方面是因為取走這些薪柴比較容易，另一方面則是因為這是比較根本的做法；斷了火源，熱水自然會慢慢冷卻下去。不過在遇到事情的時候，要分清楚什麼是水、什麼是火，有時候還是需要很多的智慧。

因此，要施展釜底抽薪的計謀就要做到兩點：一是把握整個事件的過程，要看出什麼是水、什麼是火，這樣才能掌握事情的關鍵所在；二是要及時抽薪，因為對方最明白自己的弱點在哪裡，所以會格外的加以重點保護，如果動作不夠及時，可能就會陷入被動，失去釜底抽薪的大好時機了。

要破解釜底抽薪，就要對症下藥，可以採用的方法有兩種：第一是欺敵法，利用各種假象來欺騙對方，讓對方無法判斷哪裡是應該抽掉的薪、哪裡是水；欺騙的方法有很多，可以是聲東擊西，也可以是瞞天過海等等，讓對方找不到你的死穴。第二種方法就是重點防禦法，對於最重要的地方要進行重點保護，例如，古代最重要的戰爭物資就是糧草，所以有「兵馬未動，糧草先行」的說法，把根本的東西保護住，防止對方施展釜底抽薪的計謀。

第二十計　混水摸魚

兵法

乘其陰亂，利其弱而無主。隨，以向晦入宴息。

乘混亂之際，利用小勢力的弱小和沒有主導的局面，使他們歸順我方，就像已經走向黃昏要長息了。

歷史故事

《三國演義》當中講過一個故事，話說赤壁大戰，孫劉兩家聯軍火燒魏軍連鎖戰船，把曹操殺得落荒而逃。就在臨逃跑的時候，爲了防止孫權北上追擊，曹操派大將曹仁駐守南郡，阻擋孫權的力量繼續進攻。

當時孫權、劉備都在準備攻打南郡，周瑜在赤壁大戰之後，見衆將官士氣高昂，銳不可擋，於是下令準備發兵，攻取南郡。與此同時，劉備也把部隊駐紮到油江口，對南郡虎視眈眈。周瑜說：「爲了攻打南郡，東吳付出了巨大的代價，

如今眼看就要成功，劉備卻想乘機奪取南郡，哪兒有這樣的好事！」於是連忙加緊備戰，決心和劉備爭奪南郡。

爲了穩住周瑜，劉備首先派人到周瑜營中，向他祝賀。第二天，周瑜親自到劉備營中回謝。他就單刀直入地問劉備，是不是要取南郡？劉備笑著說道：「聽說都督要攻打南郡，特來相助。如果都督不取，那我就去佔領。」周瑜大笑說：「南郡指日可下，我爲什麼不去攻打呢？」劉備勸告：「不可輕敵，我聽說駐紮在南郡的大將曹仁是一員猛將，能不能攻下南郡，還不敢說。」

周瑜一貫驕傲自負，聽到這話之後很不高興，說道：「如果我攻不下南郡，可由劉豫州隨便拿去。」劉備聽到之後，馬上說：「都督說得好，子敬、孔明都在場作證。我先讓你去取南郡，如果取不下，我就去取。你可千萬不能反悔啊！」周瑜一笑，哪裡會把劉備放在心上。周瑜走後，諸葛亮建議按兵不動，讓周瑜先去與曹兵廝殺。

不幾日，周瑜果然發兵攻打曹仁，首先攻下金陵，然後乘勝攻打南郡。沒想到他中了曹仁的誘敵之計，身中毒箭，受了重傷。曹仁聽說之後，非常高興，每日派人到周瑜營前叫戰。周瑜只是堅守營門，不肯出戰。一天，曹仁親自帶領大軍，前來挑戰。周瑜帶數百騎兵衝出營門大戰曹軍。開戰不多久，忽聽周瑜大叫一聲，口吐鮮血，墜於馬下，被守將救回營中。原來，這是周瑜設下的欺敵之計。吳營不久就傳出周瑜中毒箭身亡的消息，曹仁聽說之後，大喜過望，決定趁周瑜剛死的時機前去劫營，割下周瑜的首級，為曹操除去一個心腹大患。

當天晚上，曹仁率領大軍趁著黑夜衝進周瑜大營，卻發現營中空無一人，方知中計。退兵已經來不及了，只聽外面一聲炮響，周瑜率兵從四面八方殺出。曹仁好不容易衝出包圍，準備返回南郡，卻又遇東吳伏兵阻截，只得往北逃去。周瑜打敗曹仁之後，立即率兵直奔南郡。卻不料當他趕到南郡的時候，只見南郡城頭佈滿旌旗。原來趙雲已奉諸葛亮之命，乘周瑜、曹仁激戰正酣的時候，輕易攻取了南郡。在此之後，諸葛亮又利用從曹仁府中搜出的兵符，連夜派人冒充曹仁救援，巧妙詐取了荊州、襄陽。

商戰奇謀

中國大陸工業艱難起步之初，美國奇異燈泡為吃下大陸市場，在上海採取了一連串手段。

這年，美國奇異燈炮生產了一種新品牌「日光牌」，英文名稱sunlight，給零售商的放款期長達六個月，批價又低，意在使中國的燈泡廠無法生存，迫使本地同業倒閉關廠。

面對這一情勢，上海的民族燈泡在同業公會的領導之下，發揮團結合作的集體力量，在全體燈泡廠每天的產品中，按產量抽成捐獻燈泡，將捐獻出來的燈泡也同樣加上日光牌sunlight的中外文商標，並遍登全國各地報刊廣告，價格卻只賣美商奇異所推出「日光牌」的一半。

之所以這樣做，是因爲他們得知當時美商奇異廠輕視中國，沒有將「日光牌」的商標向中國商標局註冊，待發現兩個「日光牌」燈泡的時候，奇異廠就無權提起保護商標的訴訟。

上海的民族燈泡企業採取「混水摸魚」的戰略，以少數擾亂多數，造成市場價格相差一半的兩種「日光牌」電燈泡鬧雙包案，引起全國各地零售商的疑慮，對這糾紛複雜的「日光牌」燈泡不敢進貨。

這一招妙使得美國奇異燈泡廠措手不及，除了用外國律師登報恫嚇，以及致函中國諸燈泡廠之外，毫無其他有效對策。

商戰中不乏製造混亂以攫取不正當利益者，就是利用魚在渾水中看不清方向，人在混亂中難辨眞僞，在亂中謀利。

目前市場上確有一些不法商人及少數企業採用混水摸魚之計，生產和經營假冒產品，他們以假亂眞，以次充好，亂中取利。據巴黎國際商會估計，每年仿冒商品銷貨額高達一千億美元以上。

破解之道

「混水摸魚」的原意是指先把水攪渾，然後趁形勢大亂，魚暈頭轉向的時候，乘機摸魚，以得到意外的好處。用在軍事上，就是趁敵人方寸大亂的時候奪取勝利的謀略。

當然，對於那些卓越的戰略家來說，他們不會坐等水變渾濁，相反的，他們會首先把水攪渾，然後主動把握時機，以達到自己的最終目地。「混水摸魚」的關鍵就是要做到使對方大亂，而我方從容自若。等待對方不能自顧的時候再出擊當然是很好，但是等待這種機會需要運氣和機遇，如果要把水攪渾，製造機會的話，難度就會大一些。首先要顧全大局，不能引火燒身，本來想要把對方搞亂，

結果自己也是一團糟，這就像搬石頭砸自己的腳一樣。再次，攪亂渾水的方法不能是正面衝撞，只能運用計謀，因為這樣才可以在不知不覺間達到自己的目的。你要攪亂渾水的目的一旦被人發現，就會陷入非常不利的地位，還可能會成為過街老鼠。

破解混水摸魚的方法之一，就是看見樹木也看見森林，面對你的敵人，你要學會跳出你們雙方的小圈子，以第三者的眼光來看自己和對方的做法會對大局有什麼影響。這一點很難做到，尤其是在兩方鬥得難分難解的時候。但如果把自己的利益和大局的變化結合在一起考慮的話，常常會悟到對方的陰謀，很快就能夠想出破解之道來。混水摸魚的人，一般是有心計的人所為，他們的陰謀和計畫在混亂開始之前就已經有所佈局，所以全力挽救不如事前提防。

第二十一計　金蟬脫殼

兵法

存其形，完其勢；友不疑，敵不動。巽而止蠱。

保持陣地原形，保留完整的既定陣勢，使友軍不懷疑，敵人也不敢妄動，而在他困惑時轉移主力。

歷史故事

在中國古代戰場上，金蟬脫殼是十分常見的作戰策略。相傳在三國時候，諸葛亮爲北伐中原，先後六次攻打祁山，但是由於蜀國和魏國的實力還是有差距，所以一直未能成功，終於積勞成疾，最後在五丈原病死於軍中。臨死之前，爲了使蜀軍能夠安全退回漢中，諸葛亮秘密向大將姜維傳授了一條退兵之計……

諸葛亮死後，姜維命令部下嚴格保守消息，以免魏國軍隊趁機發兵。與此同時，他秘密帶著諸葛亮的靈柩，率部撤退。當司馬懿派部隊前來追擊蜀國軍隊的

時候，姜維命令工匠仿諸葛亮模樣，雕了一個木人，揮著羽扇，戴著綸巾，穩坐車中。並派楊儀率領部分人馬大張旗鼓，向魏軍發動進攻。魏軍看到蜀軍進退有度，陣型穩健，又見諸葛亮穩坐車中，指揮若定，一時不敢輕舉妄動。而多心的魏將司馬懿知道諸葛亮一向善使計策，所以便命令部隊後撤，觀察蜀軍動向。趁著司馬懿退兵的大好時機，姜維馬上指揮主力部隊，迅速轉移，安全撤退回蜀國的大本營。等到司馬懿知道諸葛亮已死的眞相之後，再發兵追擊，爲時已晚。這就是典型的「金蟬脫殼」，全身而退不留半點機會給對方的逃跑藝術。

商戰奇謀

在過去的二十年裡，始終沒有一個對手能夠取代波音公司在商用噴射客機市場上一枝獨秀的地位。不少企業家都羨慕波音公司的成功，其創始人威廉·波音卻不會忘記，他的「波音」是如何陷入、又如何衝出「死亡飛行」的。

波音公司建於二十世紀初，以製造金屬家具起家，而後轉向專門生產軍用品。第一次世界大戰期間，波音公司生產的水上飛機頗得美國海軍的青睞，波音也在美國飛機製造業中扮演起一個重要的角色。

然而，好景不常，戰爭結束後，美國海軍取消了尚未交貨的全部訂單，整個美國飛機製造業陷入癱瘓狀態。波音也不例外，困入了「死亡飛行」中。

威廉・波音並沒有因此垂頭喪氣，而是進行了深刻的反思。造成「死亡飛行」的原因雖然有形勢大變的因素，但也是由於自己過分依賴軍方的結果。亡羊補牢，爲時未晚，他果斷調整經營方向，並採取了相應的措施：一方面繼續保持和軍方的聯繫，隨時瞭解軍用飛機發展的趨勢、軍方的要求，加以滿足，讓其他飛機製造商難以乘虛而入。一方面考慮到軍方暫時不會有新的訂單，因此抽出主要的人力、財力，開發民用商業飛機。

爲了保證這一策略的順利實施，還必須吸收、培養人才。

從此以後，波音公司致力培養人才，並授予他們充分的權力，把主要的力量投入民用飛機的研製，從單一生產軍用飛機的舊殼裡脫穎而出。

戰後經濟的復甦刺激了民用飛機的需求，波音公司推出的商用運輸機以及波音七〇七、七二七客機正好滿足了市場的需要，從而衝出了「死亡飛行」。以後，又陸續推出了波音七三七、七四七、七五七、七六七，同時替陸軍、海軍、海軍陸戰隊設計、製造了各式教練機、驅逐機、偵察機、魚雷機、巡邏轟炸機和遠程

重型轟炸機等，公司日益發展壯大起來。

波音公司如果不「金蟬脫殼」，擺脫單一的軍用飛機經營，就無法衝出「死亡飛行」，那只有飛向死亡一途。

從上述幾例不難看出，「金蟬脫殼」是適應形勢變化的有效策略之一。「金蟬脫殼」在商戰中可以引申爲：當形勢變化，經營者表面上仍然保持原來的經營現狀，使顧客不懷疑，競爭對手也不敢輕舉妄動，以便隱蔽轉移主要實力，開闢新產品和新市場。企業在面臨競爭壓力且攸關生存的考驗時，一定要想辦法求新求變，而不可墨守成規，故步自封，否則就無法避免被淘汰的命運。

破解之道

金蟬脫殼的本意是指寒蟬在蛻變的時候，會把蟬蛻掛在枝頭，以達到欺敵的目的，自己也可趁對方迷惑的時候逃跑。從軍事作戰的角度來說，所謂「金蟬脫殼」，就是指透過布置安裝來擺脫敵人，自己則悄悄撤退或轉移，從而達到自己的目的。在這個過程當中，施計的一方往往只是爲了穩住對方，而採取保留形式、抽走內容的方式，以便穩住對方，使自己脫離險境，並抽出主力部隊來發起新的進攻。金蟬脫殼實際上是假戲眞做，迷惑對方，利用對方比較熟悉的情景來絆住對方，因此金蟬脫殼要想順利進行，就必須惟妙惟肖不露半點破綻，所謂眞眞假假、假假眞眞，讓對方心理恐懼不敢前進。

破解金蟬脫殼之計的方法有很多，因爲金蟬脫殼畢竟是一種欺敵戰術，而且是在對方處於被動和劣勢情況下的一種冒險，能夠識破的話便可以輕易取勝。你可以使用試探法，在敵我爭鬥中，如果不進行試探的話，很難知道對方眞實的意圖和動機。透過試探對方的反應，就能夠看出虛實。你還可以採用間諜戰術，在對方陣營中安插自己的人，爲自己提供對方的一切情況。對方的虛實長短你都能夠清楚掌握，就可以穩操勝算了。

第二十二計　關門捉賊

兵法

小敵困之。剝，不利有攸往。

對付小股敵人，要圍困起來，將其消滅。如果讓他們走掉，便極不利於我方後勢。

歷史故事

戰國後期，秦國攻打趙國。秦軍在長平（今山西高平北）受阻。長平守將是趙國名將廉頗，他見秦軍勢力強大，不能硬拼，便命令部隊堅壁固守，不與秦軍交戰。兩軍相持四個多月，秦軍仍拿不下長平。秦王採納了范睢的建議，用離間計讓趙王懷疑廉頗，趙王中計，調回廉頗，派趙括爲將到長平與秦軍作戰。趙括到長平後，完全改變了廉頗堅守不戰的策略，主張與秦軍對面決戰。秦將白起故意讓趙括嘗到一點甜頭，使趙括的軍隊取得了幾次小勝利。趙括果然得意忘形，派人到秦營下戰書，正中白起的下懷。他兵分幾路，包圍趙軍。

第二天，趙括親率四十萬大軍，與秦兵決戰。秦軍與趙軍幾次交戰，都打輸了。

趙括志得意滿，哪裡知道敵人用的是誘敵之計。他率領大軍追趕佯敗的秦軍，一直追到秦壁。秦軍堅守不出，趙括一連數日攻克不下，只得退兵。這時突然得到消息：自己的後營已被秦軍攻佔，糧道也被秦軍截斷，秦軍已把趙軍全部圍起來。

一連四十六天，趙軍糧絕，士兵殺人相食，趙括只得拼命突圍。白起嚴密部署，多次擊退企圖突圍的趙軍，最後，趙括中箭身亡，趙軍大亂。可惜四十萬大軍都被秦軍殺戮。這個趙括，就是會「紙上談兵」，在眞正的戰場上，一下子就中了敵軍「關門捉賊」之計，損失四十萬大軍，使趙國從此一蹶不振。

朱元璋、曾國藩都曾經用過關門捉賊之計，戰勝自己的對手。在中國近代軍事史上，太平軍杭州圍困戰即用了此計。一八六一年九月，李秀成率二百多萬大軍，很快逼近杭州。浙江巡撫王有齡的糧草和軍械都在杭州。王有齡一面加固城池，一面飛調各地援軍。李秀成得悉杭州城內準備充分，若貿然進攻，必定傷亡

慘重，於是採用圍而不打之策，切斷杭州與外界的一切聯繫，切斷對杭州的糧食供給。

李秀成關起杭州的門，圍而不打共五十餘天，使得杭州城內既無糧草，又無援兵，軍心大爲渙散。直到十二月二十九日下令攻城時，太平軍的人數已超過敵方，且兵精糧足，士氣旺盛，僅用兩天就攻入了杭州。李秀成使用關門捉賊之計，在杭州的圍城戰中戰績卓然。

商戰奇謀

例如生日服務。每天都有人過生日，慶生難免比平日花費較爲奢侈一些，室內佈置、生日禮物等費用都頗爲可觀。

精明的商人就抓住這個大市場，開設生日餐廳、生日商店等，爲慶祝生日的人們提供全套的一流服務，包括開設生日宴會、生日派對、生日照相服務、出售生日禮物、卡片和生日精製蛋糕（可寫上顧客所指定的賀詞）等等。

與生日服務一樣，婚禮顧問服務也魅力十足。從婚前製作精美華麗的結婚禮服、印製發送婚宴請柬，佈置婚宴場地、主導宴會流程、新人回送的賓客禮物，乃至度蜜月時，公司根據客戶開列的清單，把所有的生活必須用品送到新房去；甚至是新人懷孕後，公司又立即派人送上有關的必須物品。

由於服務周到，免除了顧客新婚前後許多麻煩事情，甜蜜全心享受一生一次的幸福婚禮，所以公司的生意非常興旺。

商戰中的「關門捉賊」，無論是連鎖商店、三角經營法，還是系列化全面服務，都是爲了把顧客「關」在自己能控制的範圍內，從而輕鬆地「捉」住顧客腰包裡的錢。

破解之道

軍事上的關門捉賊，是指對敵人實行口袋戰，千方百計將敵人引進「口袋」，而後全殲。如果讓敵人脫逃，情況就會十分複雜。窮追不捨，一怕他拼命反撲，二怕中敵誘兵之計。這裡所說的「賊」，是指那些善於偷襲的小部隊，特點是行動詭秘、出沒不定、行蹤難測。其數量不多，破壞性卻很大，常會乘我方不備，侵擾我軍。對這種「賊」，不可讓其逃跑，而要斷他的後路，聚而殲之。當然，此計運用得好，絕不只限於「小賊」，甚至可以圍殲敵人的主力部隊，關門捉賊的關鍵

就是誘敵於自己的包圍這一過程。

知道對方的關鍵，破解之道也就應運而生。如果對方只是一味引誘而無心戀戰，便一定有陰謀在其中。這時候先暫時停下一陣子，就可以看到對方葫蘆裡面賣的是什麼藥，也能夠讓自己的腦子清醒清醒，不至於中了對方的奸計。或者可以以退求進，就是明明要進攻，卻假裝後退，讓對方露出自己眞正的意圖，這時你就可以游刃有餘。所謂關門捉賊，捉到的常常都是一些莽撞之人或者不夠細心的人。

第二十三計　遠交近攻

兵法

形禁勢格，利以近取，害以遠隔。上火下澤。

在受到地理條件的限制時，攻取靠近的敵人就有利，越過近敵去攻取遠敵就有害。火向上燒，水往下流，是我方與鄰近者乖離的情形。

歷史故事

遠交近攻，語出司馬遷《史記范睢・蔡澤列傳》。范睢向秦王進諫：「王不如遠交而近攻，得寸，則王之寸也；得尺，亦王之尺也。」

魏國的范睢因受到迫害逃到了秦國，秦昭王問他富國強兵之計，他說：「秦國土地廣大，兵馬眾多，統一天下，應該是不用費多大氣力的。但您的主帥和大王都有失策的地方。您越過韓國、魏國去攻打齊國，這就是失策。齊昭王捨近求遠攻打楚國，結果一寸土地也沒有得到。齊國攻打楚國，實質上是養肥了韓國和魏國。所以，大王應該採取遠交近攻的戰略，得一寸土地就是一寸，得一尺土地就是一尺。大王一定要抓住韓國和魏國，因爲此兩國是天下的樞紐，是物產最豐富的地方。再用您的威信影響楚國和趙國。楚國和趙國歸附後，齊國就一定害怕。韓國和魏國便會成爲秦國的俘虜。」秦昭王聽後，連連點頭。西元前二八六年，秦國用范雎遠交近攻的計略攻打魏國，取得勝利。遠交近攻之計爲秦始皇統一中國奠定了良好的基礎。

商戰奇謀

當今世界摩托車銷售中，每四輛就有一輛是「本田」產品，從這個數據可以看出「本田」的銷售網之大。很難想像如此龐大的銷售網卻是從日本的自行車零售商店開始起步的。

一九四五年，第二次世界大戰結束，本田宗一郎得到了五百個日本軍隊用來帶動野外電台的小引擎。他把這些小巧的引擎安裝在自行車上。這種改裝的自行車非常暢銷，五百輛很快就銷售一空。

本田宗一郎從中看到了摩托車的潛在市場，成立了「本田技研工業株式會社」，決定開創摩托車事業。

一批批可以裝在自行車上的「克伯」牌引擎於焉問世。但是光靠當地的市場吃不下這麼多產品，本田宗一郎面臨如何將產品推銷出去的問題。

本田宗一郎找到了新的合夥人，他叫藤澤武夫，是一位對銷售業務很有一套的小承包商。

當本田宗一郎與藤澤武夫商量如何建立全國性的銷售網時，藤澤武夫建議說：「全日本現在約有二百家摩托車經銷商店，全都是我們這樣的小製造商拼命巴結的對象，所以一向心高氣傲。我們如果要介入其中，就得損失大部分的利益。但是你不要忘記，全國還有五萬家自行車零售商店。對他們來說，既擴大了業務範圍，增加了獲利管道，同時又能刺激自行車的銷售，再加上我們適當讓步，這塊肥肉他們會不吃嗎？」

本田宗一郎一聽，覺得是條妙計，於是請藤澤武夫立即去辦。

一封封信函雪片般地飛向遍佈全日本的自行車零售商店，信中除了詳細介紹「克伯」引擎的性能和功效外，還告訴零售商每只引擎零售價二十五英鎊，回折八英鎊。

兩星期後，一萬三千家零售商店做出了積極回應，藤澤武夫就這樣巧妙的爲「本田技研」建立了獨特的銷售網。本田產品從此進軍全日本。

摩托車經銷商店距離本田雖然「近」，對銷售摩托車業務熟，並有廣大的業務網路，但是近而不「親」。自行車零售商距本田雖然「遠」，對本田產品銷售業務不夠熟，大多是自行車客戶，但是遠而有「意」。

在「本田技研」的起步之初，「遠交近攻」發揮了莫大的威力，顯然是條上策。

破解之道

「遠交近攻」的計策在於製造和利用矛盾，分化瓦解敵方聯盟，實行各個擊破的謀略，它的訣竅是在受到地理形勢限制的情況下進行。攻取鄰近的敵人比較有利，攻取遠方的敵人就比較有害。

這一計用在政治上，比在外交和軍事中還要多。誅殺開國功臣、貶放權臣、罷免任職長久的將相、起用沒有根基的新人等等，便是常見的遠交近攻。開國功臣與開國帝王並肩戰鬥，出生入死，關係可謂親密，但功臣大都威望很高，有一定的感召力和凝聚力，在帝王看來，很容易功高震主，也可能生變。權臣對帝王來說，都是肘腋部位的危險人物，只有除掉才能防止生變。而起用沒有根基的新人，不可能威脅主上，所以是安全人物；其次，他們會感恩戴德，盡心盡力效忠帝王；再次，可以撈取諸多好名聲；最後，還能攏絡人心。社會生活中也充滿自覺或不自覺的遠交近攻現象。「外來的和尚會念經」等俗語，都間接反映出遠交近攻的社會意識。

破解遠交近攻的方法就是針鋒相對，首先可以暗中破壞，如果對方與自己遠處的夥伴結交，你可以從中挑撥離間，並暗中資助對方攻擊的對象，這樣常能使對方陣腳大亂。

第二十四計　假道伐虢

兵法

兩大之間，敵脅以從，我假以勢。困，有言不信。

處在敵我兩個大國之間的小國，當敵方威脅它屈服時，我方應立即出兵援助，以藉機擴展勢力。

歷史故事

假道伐虢是春秋時代的歷史事件。假道，即借路的意思。虢，是春秋時的一個諸侯國。

虢國和虞國是相鄰的兩個小國。晉國晉獻公曾兩次向虞國借道討伐虢國。虞國大夫宮之奇極力勸說虞國國君不能答應借道之事。晉獻公第二次向虞國借道攻伐虢國時，宮之奇從戰略形勢出發，勸阻虞國國君，但虞國國君聽不進勸阻，答應了晉國借道的請求。

結果，同年（西元前六五五年）十二月初，晉國借道消滅了虢國之後，大軍返回途中，於虞國住宿時，突然襲擊虞國，活捉了虞國國君。

假道伐虢之計在軍事、外交上都是以假示眞。假道是假，伐虢滅虞是眞。眞眞假假施計於敵方，己方才可取勝。

「假道伐虢」，文章做在「假道」上。「假道伐虢」者可以找出多種多樣「假道」的理由，掩蓋其眞實的軍事企圖。一九四〇年四月，德國希特勒發動的第二次世界大戰，德國入侵丹麥和挪威即採用了「假道伐虢」的計謀。

德國周邊諸國有豐富的礦藏。希特勒認爲，這些國家不僅是德國進行戰爭侵略的有利陣地，也是德國戰爭原料的重要來源地。例如，一九三九年，瑞典共出口鐵砂二千四百萬噸，其中輸入德國的就有一千一百萬噸。希特勒認爲，有了充足的資源就可以延續戰爭。他對周邊諸國早已野心勃勃，特別是對丹麥和挪威兩個國家更是垂涎三尺。在地理位置上，德國的北面毗鄰丹麥，丹麥的北面是挪威。經丹麥攻挪威是理想的作戰方案。希特勒經過再三斟酌後，指示德軍參謀本部制定了代號「威悉河演習」的「假道伐虢」入侵計劃。

戰爭發起前，德軍利用特工人員進行大量宣傳，聲稱：「德國和丹麥是友好鄰邦，一旦有戰事，德軍藉道丹麥是爲了保衛丹麥。」

一九四〇年四月九日，按照德軍的作戰方案，德軍就「借道」丹麥，進攻挪威。

四月九日五時，集結在德國和丹麥邊境附近的德軍先遣部隊乘坐摩托車，趾高氣揚地向前開進，由於事前德軍的欺騙宣傳，德軍在丹、德邊境沒有遇到任何抵抗。德軍突破丹、德邊境後，迅速向丹麥腹地推進。與此同時，德軍的登陸兵也在丹麥的西蘭島、弗恩島、法耳斯特島登陸。德軍入侵丹麥全境後，直逼丹麥國王及其政府住地。在刺刀的威逼下，丹麥國王及其政府不戰而降，屈辱地簽訂了投降協議書，將整個國家奉送給德國侵略者。

德軍在「借道」並佔領丹麥的同時，又在大量飛機的掩護下，以登陸兵和空降兵奪取挪威最重要的港口和主要機場，並向挪威內地發動攻擊，在很短的時間便擊潰挪威軍隊並佔領整個挪威。就在兩個月之內，德國實現了「假道伐虢」的作戰計劃。

企業在經營中運用此計時，還應拓展思路，視市場如戰場，盡可能將市場大門關起來，爲我所有，爲我所用，囊括更多的消費者。面對廣大的市場，需要把市場界定在一定的框架之內，然後一片片、一塊塊去佔領，不給競爭對手或後來者有可乘之機。

《星際大戰》是著名導演喬治．盧卡斯的傑作。從一九七一年開拍，至一九七五年停機。但他沒有立即公開放映，而是採取全線出擊的戰略，先費時一年，「寫」一部相同內容的小說。又過了六個月，在與各出版社接洽好之後，電影才開始在各地上映。與此同時，出版社的平裝本、試銷本、精裝本、連環漫畫等，充斥了美國的出版發行市場。

「整個美國好像瘋了。」二十世紀福斯公司的一位人員這樣宣稱，「電影院前排隊買票的人多得令人難以置信。」與此同時，小說也佔據暢銷書榜首。

由於《星際大戰》如此受歡迎，之後出版社又推出它的續篇《帝國大反擊》，同樣引起轟動。此外，《外星人》、《星際旅行》等也紛紛出現。與《星際大戰》有關的唱片、漫畫、飲料、衣服、玩具鐳射槍、玩具機器人、棋類遊戲等，令人眼花撩亂，使《星際大戰》達到了可以看、可以讀、可以聽、可以玩的程度。

盧卡斯沒有讓別人有可乘之機，市場上的利潤都讓他的「產品」給賺盡了。這種行銷方式開創了好萊塢影視產業發展的新思路。直至二十一世紀，《星際大戰》的影響餘威猶存，新片《星際大戰首部曲》仍舊承其前勇，火爆依舊，成爲票房大片。

破解之道

「假道伐虢」計謀以借路爲名，行滅國之實。這是一種既有欺敵謀略，又有以實力威逼對方就範的策略。假道伐虢移用到商戰中，重點在假道，藉機佔領市場。現代不少企業家假公關之名，透過貿易外交途徑，敵脅以從，我假以勢，達到佔領市場目的。假道的目的是爲了迷惑對方，使得對方毫無防備，這樣就能夠很快得手。然而一旦你的企圖被對方識破，就很難達到出其不意的效果。破解這種計謀的策略有三個突破口：一是對對方的行動和目的要明查暗訪，做到自己心中有數；二是假裝不知，儲備力量一舉擊潰；三是直接說出對方的企圖，讓對方的陰謀暴露在光天化日之下，使你在道義上得到強有力支援。

並戰計

長短虛實顯奇技

己方領地，不易大戰，雙方爭地，不宜強佔
無利輕地，不必停留，偏僻之地，不斷絡繹
第三地帶，須結交友，危險之地，快過如隙
對方重地，設法脫離，陷入死地，力戰求生
火攻水攻，不可疏忽，天氣地形，因勢利導
敵勢不亂，慎行下步，堅叱迷信，永棄小人
重中之要，間諜資訊，無可不用，無可不識
藏真示假，辨真去假，防真泄露，打假尋真

第二十五計　偷樑換柱

兵法

頻更其陣，抽其勁旅，待其自敗，而後乘之。曳其輪也。

頻繁地更換盟軍陣容，抽調盟軍陣容的主力，等待它自己敗落，然後再乘機兼併它。拖住了車輪，車子就不能運行了。

歷史故事

偷樑換柱，指用偷換的辦法，暗中改換事物的本質和內容，以達矇混欺騙的目的。「偷天換日」、「偷龍換鳳」、「調包計」都是同樣的意思。用在軍事上，指聯合對敵作戰時，反覆變動友軍陣線，藉以調換其兵力，等待友軍岌岌可危之時，將其全部控制。此計歸於第五套「並戰計」中，本意是乘友軍作戰不利，藉機兼併他的主力爲己方所用。此計中包含爾虞我詐、乘機控制別人的權術，所以也往往用於政治和外交謀略。

秦始皇稱帝，自以爲江山一統便是子孫萬代的基業了。他自認爲身體還不錯，一直沒有去立太子、指定接班人。宮廷內，存在兩個實力強大的政治集團。一個是長子扶蘇、蒙恬集團，一個是幼子胡亥、趙高集團。扶蘇恭順好仁，爲人正派，在全國有很高的聲譽。秦始皇本意欲立扶蘇爲太子，爲了鍛鍊他，派他到名將蒙恬駐守的北線爲監軍。幼子胡亥，早被嬌寵壞了，在宦官趙高的教唆下，只知吃喝玩樂。

西元前二一〇年，秦始皇第五次南巡，到達平原津（今山東平原縣附近），突然一病不起。此時，秦始皇也知道自己的大限將至，連忙召丞相李斯，要李斯傳達秘詔，立扶蘇爲太子。當時，掌管玉璽和起草詔書的是宦官頭兒趙高。趙高早有野心，看準這是一次難得的機會，故意扣壓秘詔，等待時機。幾天後，秦始皇駕崩，李斯怕太子回來之前政局動盪，所以秘不發喪。趙高特地去找李斯，告訴他皇上賜立扶蘇的詔書，還扣在他手裡，因此現在只要他兩人就可以決定天子人選。狡猾的趙高又對李斯講明利害，說，如果扶蘇做了皇帝，一定會重用蒙恬，到那個時候，你宰相的位置能坐得穩嗎？一席話，說得李斯心動，二人合謀，製造假詔書，賜死扶蘇，殺了蒙恬。

趙高未用一兵一卒，只用偷樑換柱的手段，就把昏庸無能的胡亥扶爲秦二世，爲自己今後的專權打下基礎，也爲秦朝的滅亡埋下了禍根。

商戰奇謀

微軟之所以成爲世界軟體巨無霸，很重要的一個原因是它善於將別人的先進技術和產品改頭換面，爲己所用。

長期以來，柯達公司在傳統的底片、相紙生產和沖洗行業中一直居領先地位，早在一九七六年就已率先開發數位相機技術。但是到二〇〇〇年，柯達數位產品只賣到三十億美元，僅佔其總收入的%。迄今爲止，柯達還沒有能夠在消費市場研製出可以完全取代傳統底片的數位產品及相關服務。爲了儘早主導未來的數位相機市場，一九九九年底，柯達與微軟達成協定，共同開發數位照片在網路上的傳送標準。根據這一標準，當數位相機和個人電腦相連接後，Windows可以自動識別。二〇〇〇年初，柯達副總裁菲利普·格斯科維奇率領一幫技術人員，在一幢研究大樓的一間沒有窗戶的實驗室內，潛心開發數位相機及照片軟體。二〇〇一年五月，柯達隆重推出格斯科維奇研製的Easy Share數位相機及相關的照片軟體，並將此技術交於微軟，本以爲兩強合作，可以制定網際網路上數位使用傳輸的技術標準，從而長久共享市場。但令柯達萬萬沒有想到的是，在微軟最新推出的軟體「Windows XP」中，微軟不但偷換了柯達的技術，還利用柯達的技術獨自賺錢。

當柯達數位相機的使用者拍攝圖像之後，把柯達數位相機和電腦連接起來，準備使用電腦編輯數位圖像時，系統首先彈出的竟是微軟自己的相片軟體，要想使用柯達的相片軟體，顧客必須透過非常麻煩的手續，點擊滑鼠達九次之多，即使如此，用戶在處理照片時也常常會出現「錯誤」提示。爲使軟體正常運作，用戶不得不經常求助柯達技術支援人員。這樣一來，大多數人就會選用操作簡便的微軟照片軟體，這等於是微軟搶奪柯達的顧客。更糟糕的是，微軟照片軟體的操作程式將用戶「沖印」照片的指令導向微軟的關係公司。這些公司名稱排列在一個彈出的窗口，十分醒目。當然，這些公司不是無償享受微軟提供的優待。該程式把圖片訂單帶到這些公司，必須向微軟付錢。

柯達花了一年的時間開發出支援Windows的新相片轉移標準，卻爲微軟做了嫁衣，這個與微軟共同開發的技術標準變成了Windows新版本中微軟自己的嵌入軟體。

柯達知道自己被微軟給耍了，一氣之下，把微軟告上法庭。可是木已成舟，Windows XP系統的推出已成必然。

更絕的是，微軟好像早已料到柯達會有此反應，辯解說Windows XP這種設計是爲了向消費者提供更多的選擇。另一方面，不早不晚，在柯達起訴之際，微軟宣佈將與日本富士公司聯手提供數據圖像的線上照片沖印服務，還宣稱將在自己營運的因特網綜合資訊站提供線上照片沖印服務。這樣，只要是Windows XP的用戶，就可以輕鬆地在線上提交數位相機拍攝的圖像進行沖印。

四十年來，柯達與富士在傳統的底片、相紙生產和沖洗行業中爭鬥不停，在最新的數位相機市場更是互不相讓，都力圖先對手一步確立競爭優勢。微軟這一招無疑於釜底抽薪，使柯達腹背受敵。萬般無奈之下，柯達不得不與微軟庭外和解，簽訂城下之盟。

破解之道

樑，是房屋建築中的水平方承重結構；柱，是建築物中的垂直起支撐結構。

樑和柱是建築結構中最關鍵、最重要、最結實、作用最大、選料最精（通常要粗大結實的木材）部分。建築物是否穩固，取決於樑和柱；樑軟屋塌，柱折房垮。

樑和柱除了用來類比事物的關鍵外，還經常用來比喻國家和團體裡重要的、關鍵的、優秀的、發揮中堅作用的精英人物。如，國家的棟樑、棟樑之材、挑大樑的人物等等。「偷樑換柱」指使用手段，暗中更換事物的關鍵部分，從而改變事物的性質和內部。這個偷和換必須要做得神不知鬼不覺才可以，在神不知鬼不覺當中，大大削弱別人的力量。

破解這種計謀的方法自然是防偷防換了。最高明的偷，就是內部的人偷竊，讓人防不勝防；最高明的換，就是以假亂真，所以要破解偷樑換柱的計謀，最重要的便是自己的內部管理嚴明，這樣就不會給別人機會。

第二十六計　指桑罵槐

兵法

大凌小者，警以誘之。剛中而應，行險而順。

強者制服弱者，要用警告來誘導他。主帥剛強居中間正位，便會有部屬應和，唯行險事但能化險爲夷。

歷史故事

朱元璋帶兵，特別注重紀律，打下和州後，他立下「和州立約」，申明軍紀，強調將士買賣公平，不許調戲婦女。朱元璋率領的紅巾軍所到之處，與民秋毫無犯，深得沿途百姓的擁護。西元一三五六年，朱元璋打下集慶後，與眾將商議攻打鎮江。

就在攻打鎮江的當天拂曉，部隊在教場集合，等待統帥徐達大將軍發令。突然，一條驚人的消息傳到教場，徐大將軍被元帥抓了起來，馬上要斬首。

此時，只見徐大將軍被反綁著押了過來，兩名劊子手緊跟其後。接著，朱元璋在衛士簇擁下來到教場。執法官宣佈完徐大將軍的罪狀後，就要開斬了。只見眾將一齊跪下，向朱元璋哀求。朱元璋臉色鐵青，一言不發。此時，全體士兵一齊跪下，求朱元璋免徐大將軍死罪。

朱元璋見全體將士全都跪下求饒，便站起來問道：「我們起兵是爲了什麼？」將士們一齊答道：「代天行討，除暴安民！」接著，朱元璋又語重心長地講了一段話，全體將士們聽了無不感動，大受鼓舞。最後，朱元璋宣佈，看在眾將士的分上，免徐大將軍一死。徐大將軍被鬆綁後，當著全體將士宣佈：「打下鎮江後，有違犯軍紀、欺壓百姓的，定斬不饒！」

朱元璋的大軍很快攻克了鎮江。軍隊進城後，紀律嚴明，秋毫無犯，百姓拍手稱讚。朱元璋十分高興，叫來徐達，握著他的手說：「賢弟，教場那幕，眞苦了你啦！」徐達笑道：「元帥，沒有教場那幕戲，軍紀能這樣嗎？」

兩人哈哈大笑起來。朱元璋使用了指桑罵槐之計，收到最大的效果。

從廚房裡闖出來的美國麵包大王凱瑟琳・克拉克，標榜自己的麵包是「最新鮮的食品」。爲了取信於消費者，她在包裝上特別註明烘製日期，保證絕不賣存放超過三天的麵包。

起初，這一規定給她帶來莫大的麻煩。因爲一種新產品上市，不可能馬上暢銷。存貨一多，要嚴格執行「不超過三天」的規定就相當困難了。尤其是各經銷店大都怕麻煩，雖然過期麵包由凱瑟琳回收，但他們不願天天檢查，換來調去，而寧願把過期的麵包留在店裡賣。

許多人抱怨凱瑟琳未免太認眞，一個麵包放三天也壞不了，爲什麼非要三天換一次不可？

凱瑟琳認爲，吃的東西最講究新鮮度，只要在消費者心目中樹立起良好信譽，自己的麵包就不同於別人，也就成功了一半。

針對經銷商方面的問題，凱瑟琳實行了一套新辦法。她派人把烤好的麵包用車直接送給經銷商，按地區排了一個循環表，每三天送一次，同時回收經銷店沒賣完的麵包。如果有商店不到三天就把存貨賣完了，可以隨時用電話通知，馬上就送貨上門。

這方法麻煩了自己，方便了經銷商，但卻使自己「超過三天不得賣」的原則得以堅持實行，保證上市麵包的新鮮，並以此嚴格要求自己的員工。命運終於賜給她一次戲劇性的宣傳機會。

一年秋天，一場大洪水導致麵包供應緊缺。凱瑟琳公司的外勤人員由於沒有接到特別的指示，照常按表出外到各經銷店送剛烘製出來的新鮮麵包，並回收過期麵包。

一天，運貨司機從幾家偏僻商店回收了一批過期麵包。返程途中，停在人口稠密區的一家經銷店前，立刻被一群搶購麵包者圍住，要求購買車上的麵包。

司機解釋麵包是過期的，不能賣給大家，反而被誤解爲想囤積居奇，人越圍越多，幾個記者也加入其中。

司機被逼得無奈，只得解釋道：「各位先生、女士，請相信我，我絕不是想囤貨投機而不肯賣，實在是我們公司規定得太嚴了。車上麵包全是過期的，如果老闆知道我把過期麵包賣給顧客，我就會被開除。因此請你們原諒。」

由於大家迫切需要麵包，這車麵包最後還是很快被「強買」一空。

幾位新聞記者對此大力渲染，登在報上，成了轟動一時的新聞。凱瑟琳公司的麵包新鮮，誠實無欺，給消費者留下無比深刻的印象。

表面上看，凱瑟琳指責運貨司機違反規定，賣過期麵包給顧客，實際是「罵」其他麵包商的麵包不新鮮。這就是巧使「指桑罵槐」妙計，樹立起自己麵包最新鮮的良好形象。對經常上當受騙的消費者來說，自然具有強大的吸引力。

正因爲這一點，凱瑟琳只用了短短十幾年功夫，就把一個家庭式的小麵包店經營成現代化大企業，每年的營業額從二萬多美元爆增到四百萬美元，躋身於世界經濟強人之林。

破解之道

「指桑罵槐」，是一種指甲罵乙的罵人術、情緒發洩或旁敲側擊。在環境、身分、禮節等多種因素的限制下，罵人者想罵某人，又不便直接罵，便另外找個對象來罵，讓被影射的人恨得牙癢癢，但沒有被指名道姓，又不能站出來對著罵。

民間有很多關於指桑罵槐的軼事。一位八十多歲的老翁，兒子、兒媳婦均五十多歲了，孫子們也在外讀大學。暑假小孫子回家，兒子和兒媳婦十分高興，宰雞宰鴨爲兒子接風。席間，兒子和兒媳婦圍著孫子轉，這個爲他夾雞腿，那個爲

他夾鴨脯，把老翁冷落一邊。老翁便夾起一隻雞腿，放到自己兒子的碗中，說：「兒，吃吧！」兒子見狀，對老翁說：「我都五十多了，還要你夾菜？」老翁笑，說：「你會心疼你的兒子，我就不能心疼我的兒子嗎？」

歷史上，有很多指桑罵槐的高手，淳于髡、孟優、東方朔等，把罵人罵成一門高雅的藝術。

相形之下，三十六計之一的指桑罵槐，已經從高雅的藝術，演變爲陰險的權術。它不再是一種指甲罵乙的文鬥，而是殺甲儆乙、殺雞儆猴、殺一儆百的武殺，而武殺之前，又預設某種圈套，引誘人家上刀口。操權者，藉刀光血影來威懾部屬，從而順利調遣部屬。

破解指桑罵槐最直接辦法就是針鋒相對，因爲別人的指桑罵槐目標已經就是你了，你針鋒相對，讓對方知道你不好欺負，就會有所收斂。因爲對方之所以指桑罵槐，就是不想正面衝突，所以你的針鋒相對能給對方一點警告，讓他不要得寸進尺。

第二十七計　假癡不癲

兵法

寧僞作不知不爲，不僞作假知妄爲靜不露機，雲雷屯也。

寧願假裝不知道而不採取行動，而不假裝知道、輕舉妄動。要沈著冷靜，不露出眞實動機，如同雷霆掩藏在雲後面，不顯露自己。

歷史故事

三國的曹操與劉備青梅煮酒論英雄這段故事，就是個典型的例證。

劉備早已有奪取天下的抱負，只是當時力量太弱，根本無法與曹操抗衡，而且還處在曹操控制之下，所以每日只是飲酒種菜，裝著不問世事。

一日曹操請他喝酒，席上曹操問劉備誰是天下英雄，劉備列了幾個名字，都被曹操否定了。

忽然，曹操說道：「天下的英雄，只有我和你兩個人！」一句話嚇得劉備驚

慌失措，深怕曹操視破自己的政治抱負，手中的筷子不由得掉在地上。幸好此時一陣乍雷，劉備急忙遮掩，說自己被雷聲嚇到掉了筷子。

曹操見狀，大笑不止，認爲劉備連打雷都害怕，成不了大事，對劉備放鬆警戒。後來劉備擺脫了曹操的控制，終於在中國歷史上成就一番事業。

此計用在軍事上，指的是雖然自己具有強大的實力，但故意不露鋒芒，顯得軟弱可欺，用以麻痹敵人，然後伺機給敵人措手不及的打擊。

秦朝末年，匈奴內部政權變動，人心不穩。鄰近一個強大的民族東胡，藉機向匈奴勒索。東胡存心挑釁，要匈奴獻上國寶千里馬。

匈奴的將領們都說東胡欺人太甚，國寶絕不能輕易送給他們。匈奴單于冒頓卻決定：「給他們吧！不能因爲一匹馬與鄰國失和嘛！」匈奴的將領們都不服氣，冒頓卻若無其事。

東胡見匈奴軟弱可欺，竟然向冒頓要一名妻妾。衆將見東胡得寸進尺，個個義憤塡膺，冒頓卻說：「給他們吧！不能因爲捨不得一個女子與鄰國失和嘛！」東胡不費吹灰之力，連連得手，料定匈奴軟弱，不堪一擊，根本不把匈奴放在眼裡。

這正是冒頓單于求之不得的。

不久之後，東胡看中了與匈奴交界處的一片茫茫荒原，派使臣會匈奴，要匈奴以此地相贈。匈奴衆將認爲冒頓一再忍讓，這荒原又是杳無人煙之地，恐怕只得答應割讓了。

誰知冒頓此次突然說道：「荒原雖然杳無人煙，但也是我匈奴的國土，怎可隨便讓人？」於是下令集合部隊，進攻東胡。匈奴將士受夠了東胡的氣，這下人人奮勇爭先，銳不可擋。東胡作夢也沒想到那個癡愚的冒頓會突然發兵攻打自己，所以毫無準備。倉促應戰，哪裡是匈奴的對手。戰爭的結果是東胡被滅，一味逞強的東胡王也被殺於亂軍之中。

商戰奇謀

一九五五年，香港船王包玉剛成立了環球航運公司，花三百七十七萬美元買了一艘二十七年的舊貨船，開始了經營船隊的生涯。

當時，世界航運界通行單程包租辦法，按照船隻航行里程計算租金。又值世界經濟一片大好，單程運費收入高，一艘油輪跑一趟中東可賺五百多萬美元。

包玉剛卻不為暫時的高利潤所動，堅持一開始就採取租金低、合約期長的穩定經營方針，避免投機性業務。這在經濟景氣時期不免被認為是「愚蠢之舉」。

許多同行都勸包玉剛改跑單程，包玉剛卻「假癡不癲」，因為他明白，靠高額運費收入的再投資根本不可能迅速擴充船隊。要迅速發展必須依靠銀行的低息長期貸款，而要取得這種貸款，必須使銀行確信你的事業有前途，有長期可靠的利潤。

於是他把買到的第一艘船用很低的租金長期租給一家信譽良好、財務可靠的租船戶，然後憑這張長期租船合約向銀行申請長期低息貸款。

正是靠這種穩定經營方針，包玉剛只用二十年時間，就發展成為世界有名的遠洋船隊。究其成功，還眞得歸功當初的「假癡不癲」，遠見卓識了。

大智若愚、大巧若拙是「假癡不癲」的最高境界。堅持自己的糊塗，擾亂對手的視聽，才能做到虛而實之、實而虛之，無謀而謀、無為而為的智慧和謀略。

在商戰中，以「假癡」欺騙對手，以「不癲」暗中準備，尋找決策，實為一條百戰不殆的妙計。

俗話說，百人吃百味。每個人的性格不同，購買商品的考量也不一樣。有習慣購買、衝動購買，也有計劃購買。售貨員必須根據每個人的購買需求接待顧客，使其心滿意足，達到銷售商品的目的。

對習慣購買的顧客，如香煙、食品、日用品等單價比較低的商品，售貨員應做到服務迅速，要記住常來顧客的面容和常買的東西。最關鍵的是取貨和算帳要快，切莫讓顧客等太久。

對衝動購買的顧客，如購買領帶、提包、毛衣、床單、圍巾等商品的顧客，售貨員就需要講究接待藝術，看你能否緊緊抓住顧客的心理。最關鍵的，是售貨員的嘴和手要跟得上。有一家商店的主顧客多半是婦女，售貨員於是強調說：「這種襯衣用洗衣機洗，扣子不會掉。」不一會兒就賣了幾十件。

計劃型購買買的多半是高檔貨，如金戒指、機車、電視機、汽車等貴重商品，購買這類物品的顧客往往有一定的計劃，由於花費較昂貴，顧客要多詢問幾家商店。因此，經銷高級商品的商店即使明知顧客不買，也應該熱情介紹，當他需要時，就會直接過來。

接待男女顧客和小孩與老人的方法也不一樣。

男人買東西，多半是應付需要，買了就走，這在中年以上男人尤其多見。

婦女買東西，一般都看中就買，因此接待女顧客時氣氛應熱烈，多講商品使用效能和購買的好處。

年輕人買東西，一般心目中都有定見，如自己喜愛的歌手、偶像明星穿的或用的。和年輕顧客對話時，應儘量瞭解他們的需要。

對待老年顧客要愼重，最好不要向他們推薦最流行的商品。

接待小孩應該使用小孩的語言，向孩子介紹商品，應注意符合孩子的要求。

破解之道

假癡不癲，重點在一個「假」字。這裡的「假」，意思是假裝、裝聾作啞、癡癡呆呆，而內心卻特別清醒。此計做爲政治和軍事謀略，都算高招。用於政治，就是韜晦之術，在形勢不利於自己時，表面上裝瘋賣傻，給人以碌碌無爲的印象，隱藏自己的才能，掩蓋內心的政治抱負，以免引起政敵的警覺，暗裡卻等待時機，實現自己的抱負。

假癡不癲實際上是一種欺敵術，隱藏自己的眞正目的，使對方不會注意到自己，以便爲自己的發展留出更大的空間。

假癡不癲常常經不起死纏硬磨的窮追猛打，對於假癡不癲的人，可以採用這種方法來對付，使得對方最終露出馬腳。另外，還可以利用酒後吐眞言的方式，誘出對方的眞面目。

第二十八計　上屋抽梯

兵法

假之以便，唆之使前，斷其援應，陷之死地。遇毒，位不當也。

故意「露出破綻以使敵人覺得方便進攻我方」，引誘它深入，截斷它的後援和接應，使其陷入絕境。敵人搶進而中毒，便會失去原有的地盤。

歷史故事

上屋抽梯，有一個典故。

後漢末年，劉表偏愛少子劉琮，不喜歡長子劉琦。劉琦的後母也視長子為眼中釘。劉琦感到自己的處境十分危險，多次請教諸葛亮，但諸葛亮一直不肯為他出主意。

有一天，劉琦約諸葛亮到一座高樓上飲酒，等二人坐下飲酒之時，劉琦暗中派人拆走了樓梯。

劉琦說：「今日上不至天，下不至地，出君之口，入琦之耳。可以賜教矣！」

諸葛亮見狀，無可奈何，便給劉琦講了個故事：春秋時期，晉獻公的妃子驪姬想謀害晉獻公的兩個兒子——申生和重耳。重耳知道驪姬居心險惡，只得逃亡國外。申生爲人厚道，力盡孝心，侍奉父王。一日，申生派人給父王送去一些好吃的東西，驪姬乘機用有毒的食品和太子送來的調包。晉獻公哪裡知道，正要吃時，驪姬故意說這膳食從外面送來，最好讓人先嚐嚐看。於是命侍從品嚐，侍從嚐了一口，便倒地而死。晉獻公大怒，大罵申生不孝，陰謀殺父奪位，決定要殺申生。申生聞訊，也不申辯，自刎身亡。

諸葛亮對劉琦說：「申生在內而亡，重耳在外而安。」劉琦馬上領會了諸葛亮的意思，立即上表請求前往江夏（今湖北武昌西），避開了後母，終於免遭陷害。

劉琦引誘諸葛亮「上屋」，是爲了求他指點，「抽梯」，是斷其後路，也是爲了打消諸葛亮的顧慮。

此計用在軍事上，是指利用小利引誘敵人，然後截斷敵人之援兵，以便將敵圍殲的謀略。這種誘敵之計，自有其高明處。敵人一般不是那麼容易上當的，所

以你應該先給他安放好「梯子」，也就是故意給予方便。等敵人「上樓」，也就是進入已佈好的「口袋」之後，即可拆掉「梯子」，圍殲敵人。

安放梯子，很有學問。對性貪之敵，以利誘之；對性驕之敵，以我方之弱惑之；對莽撞無謀之敵，則設下埋伏以使其中計。總之，要根據情況，巧妙安放梯子，誘敵中計。

《孫子兵法》中最早出現「去梯」之說。《孫子．九地篇》：「帥興之期，如登高而去其梯。」這句話的意思，是把自己的隊伍置於有進無退之地，破釜沈舟，迫使士兵同敵人決一死戰。如果將上面兩層意思結合運用，眞是相當厲害的謀略。

商戰奇謀

美國一家專營新型刮鬍刀的公司，曾答應客戶，會在電視、電台上爲新刮鬍刀大力促銷。後來這家公司被另一公司收購，由於當時外界，特別是審查廣告的機構，對刮鬍刀是否是醫療用品爭論不休，總公司於是取消廣告活動，客戶憤而聲明要退回這些刮鬍刀。回收刮鬍刀，對一個剛剛收購來的公司而言，無疑是沈重打擊，意味著危害到公司貸款合約，可能被銀行抽回資金；而若不回收刮鬍刀，則與客戶建立的關係將毀於一旦。在進退兩難之際，總公司爲了不失掉潛在客戶，只好採取「退」的決策，同意收回刮鬍刀，同時積極與銀行交涉，力爭把損失減到最低。

按正常發展速度估計，同意退回後，還須經過大約兩個月的文書往返，到那時，回來的退貨已經少了很多；再加上退貨之後，還有一個月才需要退還貨款，等三個月後，公司一切都已走上正軌，有能力吸收這些損失。而一切進展果眞如預料。三年後，公司業務蒸蒸日上，良好的信譽使這家公司業務的市佔率從當初的%提升到%。

這就是退一步雖失小利，終獲大利。「以退爲進」的要領在於市佔不計當前利益，著重長遠利益，吃小虧佔大便宜。所有的退讓都是爲了將來更大的發展鋪路。在商業談判中，常見賣主先標低價或買主先標高價，讓對方覺得有利可圖而達成交易，以此排除競爭對手，取得壟斷交易的地位。而到最後成交的關鍵時刻，突然尋找種種藉口，大幅度提價或削價，逼迫對方在猝不及防、無可奈何的情況下忍痛成交。這種以假出價佈下陷阱、逼人就範的策略，就是「上屋抽梯」

的活用。

據報導，日本一些商人常以此計向第三世界國家推銷商品。他們先以低廉的價格誘使對方與之達成交易，可是交貨以後，對方常缺少什麼零件，只好又向他們購買。這時，他們便趁勢漫天要價，買方欲退無「梯」，只得答應。

又如美國A公司出售舊設備，標價二十萬美元。在競爭的幾位買方之中，一位願出十八萬美元的高價，並當場付%的訂金。賣主沒想到好事從天而降，就同意不再與其他買主商談。

幾天後，買方派人來說當時出價太高，由於股東不同意，再加上其他原因，難以成交。如果能降到十萬美元，可以再做商量。

由於賣方早已辭掉了別的買主，只好與之繼續談判。經過一番討價還價，最後以買主預計的十二萬美元成交。想當初有人出十四萬美元，賣主還不願出手呢！。

使用「上屋抽梯」有兩個關鍵點：一是設「梯子」誘敵，二是抽「梯」斷敵「援應」。剩下的事，就如同「關門捉賊」了。「梯」的「設」與「抽」，全在於用計者的神機妙算。

破解之道

「上屋抽梯」是一種誘逼計。第一步是製造某種使敵方覺得有機可乘的局面（置梯與示梯）；第二步引誘敵方做某事或進入某種境地（上屋）；第三步是截斷其退路，使其陷於絕境（抽梯）；最後一步是逼迫敵方按我方的意志行動，或予敵方以致命的打擊。

當我方發現敵人在擴張勢力，並且籌畫擊垮或吞併我方時，我方可以用上屋抽梯這一計謀來保全自己，更可以用它擊垮或兼併敵方的力量。

製造某種假象，讓敵方覺得大好時機到了，著手行動。假象中掩蓋圈套，如果敵方果眞採取行動，一定會落入圈套。爲了使敵方進入圈套，我方要設法引誘。引誘，即投放誘餌；投餌要準確有效，就要知敵性、識敵情，這和釣魚一樣。釣魚，要知道什麼魚愛什麼食料，釣什麼魚投什麼餌。草魚愛草，下草餌；青魚愛田螺，下田螺肉；鯽魚愛蚯蚓，下蚯蚓。生性貪婪的敵人，以財貨爲誘餌；放蕩好淫的敵人，以美色爲誘餌；好大喜功的敵人，以我弱易戰爲誘餌；貪功圖名的敵人，以權力爲誘餌……總之是投其所好，才能誘其上。連智慧超群的諸葛亮都會上當受騙，在無梯下樓的困境中回答了劉琦的問題。

上屋抽梯顯得比較陰險狡詐，但是用在商業活動中常常是無往不勝，要想不被對方引誘上屋再抽掉梯子，就要格外謹慎，不要爲了一時的利益鋌而走險，冒險的人最容易被暗算。

第二十九計　樹上開花

兵法

借局佈勢，力小勢大。鴻漸於陸，其羽可用爲儀也。

藉助其他的局面或者採用虛張聲勢的方法，可以增強自己的信心。大雁在天空中飛翔，羽毛可以藉助其飛翔的氣勢飛得更快。

歷史故事

三國的張飛是智勇雙全的大將。劉備起兵之初，與曹操交戰，多次失利。劉表死後，劉備在荊州，勢孤力弱。這時，曹操領兵南下，直達宛城。劉備慌忙率荊州軍民退守江陵。由於老百姓跟著撤退的人太多，所以撤退的速度非常慢。曹兵追到當陽，與劉備的部隊打了一仗，劉備敗退，他的妻子和兒子都在亂軍中被沖散了。劉備只得狼狽敗退，令張飛斷後，阻截追兵。

張飛只有二、三十個騎兵，怎敵得過曹操的大隊人馬？但張飛臨危不懼、臨

陣不慌，頓時心生一計。他命令所率的二、三十名騎兵都到樹林子裡去，砍下樹枝，綁在馬後，然後騎馬在林中飛跑打轉。張飛一人騎著黑馬，橫著丈二長矛，威風凜凜站在長阪坡的橋上。

追兵趕到，見張飛獨自騎馬橫矛站在橋中，好生奇怪，又看見橋東樹林裡塵土飛揚。追擊的曹兵馬上停止前進，以爲樹林之中定有伏兵。張飛只帶二、三十名騎兵，阻止了追擊的曹兵，讓劉備和荊州軍民順利撤退，靠的就是這「樹上開花」一計。

商戰奇謀

中國大陸咸陽505保健品廠之所以要在廠名中加上「505」，是因爲這家工廠以生產「505」神功元氣袋爲主。「505」之所以被稱爲社會大現象，是因爲很少有能像「505」神功元氣袋那樣防治多種疾病，並在短期內就引起舉國關注的中醫藥學成果。

「505」引發了一連串「名人效應」，發揮了空前的宣傳效果，是不容置疑的，但如果說「505」專在「名人效應」上大做文章，也不盡然。「505」的銷售對象是全民性的，「505」保健品廠曾經在雜誌上連載「505」神功元氣袋〈臨床觀察暨患者反映一千例〉。

據其官方說法，之所以命名「505」，是因爲來輝武歷經二十多年的探索，總結出了五〇五名人瑞的養生秘訣，綜合了具有五百年以上歷史的五個神奇秘方之後，才配製出「505」神功元氣袋。

對於人體，「505」元氣袋是藥品；對於市場，「505」元氣袋則是商品。和人體一樣，市場也有氣血，這個「氣」，是資訊、是消費者的消費意識；這個「血」，就是商品。從「505」上市後，在《人民日報》、中央電視台、中央人民廣播電台、《經濟日報》、陝西省內外大大小小的傳媒上，「505」的形象、「505」的聲音、「505」的文字就沒有斷過。

「505」神功，貫通的是人體內部之元氣，培養的是社會保健之正氣，而要在短短幾年中，如此大規模推廣一項保健新知識，非廣告莫屬，在人們都以爲廣告不過是推銷商品的同時，廣告卻潛移默化地擔起了新知識、新觀念普及的擔子。

廣告轟炸是「樹上開花」的手法，同樣，在企業公關活動中，也可運用「樹上開花」來造名氣、造聲勢。廣告是開拓市場的先鋒，爲了把企業和產品的形象

推入一個陌生的領域，各國的營銷、廣告專家都有不少精心傑作。二十世紀五〇年代，法國白蘭地酒打入美國市場就是一個被廣爲傳頌的典型事例。

法國的釀酒業歷史悠久，尤其是白蘭地，品質一流、香醇可口，早已享譽歐洲。

二十世紀五〇年代，法國曾向美國推銷他們的白蘭地，卻沒有成功。經過調查發現，美國人對法國白蘭地酒幾乎一無所知。如何讓美國人大喝法國酒呢？法國人經過一番周密策畫，決定抓住法美兩國人民的情誼大做文章。他們選定的時機是美國總統艾森豪的六十七歲壽辰。

在美國總統壽辰一個月之前，法國人就分別從不同的傳播媒介向美國大衆宣傳：法國人民爲了表示他們對美國總統的友好感情，將贈送兩桶極名貴的、釀造已達六十七年之久的白蘭地酒作爲壽辰賀禮；而且特邀法國著名藝術家設計製作酒桶；賀禮將由專機送到美國，白蘭地公司爲此付出了鉅額的保險費；在總統壽辰之日，將舉行隆重的贈送儀式，兩名穿著宮廷侍衛服裝的法國人會抬著這兩桶酒步行入白宮。

在法國這兩桶白蘭地抵美之前的一個月時間內，法國人的精心宣傳加上連續的報導，吸引了成千上萬美國人的心。在美國總統壽辰前夕，關於這兩桶白蘭地酒的傳說，已成了華盛頓市民的熱門話題。美國大衆包括總統的胃口已被吊起，大家都翹首以待，盼望著白蘭地的大駕光臨。

艾森豪六十七歲壽辰那天，法國用專機將兩桶白蘭地運到了華盛頓，同時舉行隆重的獻酒儀式。穿著宮廷侍衛服裝的法國人精神抖擻、風度翩翩。他們抬著由著名藝術家精心包裝的兩桶白蘭地酒從機場出發，經過華盛頓寬敞的大街直往白宮而去。一路上，華盛頓市民如同過節一般，夾道歡迎法國白蘭地，街道上豎著巨大的彩色標語牌——乾杯，醉人的白蘭地、歡迎您，尊貴的法國客人、美法友誼令人心醉。美國的新聞媒體當然也不會放過這一則重大新聞，關於名酒行蹤的報導、專題特寫、新聞照片擠滿了當天各報版面。

而白宮周圍，早已人山人海，美國人熱情奔放，揮動著法國小國旗，期待白蘭地的出場。

在白宮的花園裡，舉行了隆重的贈送儀式。艾森豪總統面帶微笑的接受了這兩桶被賦予象徵美法友誼的白蘭地。這時，人群沸騰、歡聲四起，奏響了兩國國歌，現場氣氛達到高潮。當天許多美國家庭都是全家人圍坐在電視機前，收看這

一盛況轉播。而後，法國人又趁熱打鐵，透過新聞媒介宣稱「爲使美國人民能夠領略白蘭地酒的濃郁醇香，特地帶來一批白蘭地酒，奉獻給美國人民」。人們於是紛紛購買。法國名酒白蘭地就是在這種氣氛中，將美名傳遍了全美國，昂首闊步走上美國的國宴與人民的餐桌。

法國人把握住了宣傳時機，又賦予商品政治及人情意義，抓住消費者心理。不但如此，他們熟悉各種傳播媒介的不同作用，運用不同的手法吸引各種傳播媒介不請自來，製造了空前轟動的效應。

這種將白蘭地與美國總統壽辰聯繫起來的構思，使美國總統無形中客串了一次廣告角色。

破解之道

樹上開花，是指樹上本來沒有開花，但可以用彩色的綢子剪成花朵粘在樹上，做得和眞花一樣，不仔細看，眞假難辨。此計用在軍事上，指的是自己的力量比較小，卻可以藉友軍勢力或某種因素製造假象，使自己的陣營顯得強大；也就是說，在戰爭中要善於藉助各種因素來爲自己壯大聲勢。樹上開花，最重要的就是要讓假花開得比眞花還要鮮豔，要做到以假亂眞才能達到目的。

樹上開花實際上是利用假象來欺騙別人的做法，欲破解這種計謀就要想盡方法戳穿敵人的假象。可以用投石問路來試探敵人的虛實，再次就是要鎮定自若，千萬不能風聲鶴唳、草木皆兵。

第三十計　反客爲主

兵法

乘隙插足，扼其主機，漸之進也。

乘著有漏洞就趕緊插足進去，扼住它的關鍵要害，循序漸進地達到自己的目的。

歷史故事

反客爲主，用在軍事上是指在戰爭中，要努力化被動爲主動，儘量想辦法鑽友軍的漏洞，適時介入，控制它的首腦機關或者要害部門，抓住有利時機，兼併或者控制友軍。古人使用本計，往往是藉援助盟軍的機會，自己先站穩腳跟，然後步步爲營，想盡方法取而代之。

袁紹和韓馥，以前是一對盟友，當年曾經共同討伐過董卓。後來，袁紹勢力漸漸強大，總想不斷擴張。他屯兵河內，缺少糧草，爲此發愁。老友韓馥知道之後，主動派人送去糧草，幫袁紹解決供應困難。

袁紹覺得等待別人送糧草，不能夠解決根本問題。他聽了謀士逢紀的勸告，決定奪取糧倉冀州。而當時的冀州牧正是老友韓馥，袁紹也顧不了那麼多，馬上下手，實施他的錦囊妙計。

他首先給公孫瓚寫了一封信，建議與他一起攻打冀州。公孫瓚早就想找個藉口攻佔冀州，聽了這個建議，正中下懷。他立即下令，準備發兵。

袁紹又暗地派人去見韓馥，說公孫瓚和袁紹聯合攻打冀州，冀州難以自保，袁紹過去不是你的老朋友嗎？最近你不是還給他送過糧草嗎？你何不聯合袁紹，對付公孫瓚呢？讓袁紹進城，冀州不就保住了嗎？韓馥只得邀請袁紹帶兵進入冀州。這位請來的客人，表面上尊重韓馥，實際上逐漸將自己的部下一個一個似釘子打進了冀州的要害部門。這時，韓馥清楚知道，自己這個「主」已被「客」取而代之了。為保全性命，他只得隻身逃出冀州另覓他途。

商戰奇謀

第二次世界大戰後，美、日汽車生產和技術水準差距極大。美國素有「汽車王國」之譽。近一個世紀以來，它既是全球汽車生產第一大國，也是世界上第一汽車消費大國。「底特律汽車城」名聞天下，底特律的「三巨頭」，即通用、福特和克萊斯勒三大汽車公司不僅壟斷國內汽車市場，也稱霸世界市場，一直至一九七〇年代。

可是，在二十多年後的今天，力量對比發生了顯著變化。日本汽車工業蓬勃發展，雄視世界，不僅日益擴大對美國市場的佔有率，也向全球進攻。據美國《幸福》雜誌統計：一九八六年，世界二十家最大汽車公司中，日本佔了九家；而在美國市場上，目前每售出四輛汽車，就有一輛是日本車。

戰後的日本認定汽車業有巨大的發展前途，將發展汽車工業視為開發日本出口潛力的關鍵行業之一。日本人指望進攻的主要目標顯然是美國，因為美國生產的汽車最多、最好，銷量也最大，如能在美國打開銷路，想進軍其他國家就不是問題了。

日本人向美國發動汽車戰是在六〇年代。

日本人調查研究發現，美國人對汽車的需求已大有變化：過去，美國人偏愛大型的、豪華的汽車，但由於美國汽車越來越多，城市越來越擁擠，大型汽車轉彎及停車都甚不便，加上油價上漲，大型汽車耗油多不划算，因此美國人的偏愛已轉向小型汽車，即喜歡價廉、耐用、耗油少、維修方便的小汽車，並要求汽車要易駕駛、行駛平穩、腿部活動空間大等等。

豐田根據美國人的喜愛和需要，製成一種小巧、價廉、維修方便、速度更快、乘坐更舒適的美國式小汽車。

由於這種經過改良的小汽車正符合美國顧客的需求，迅速在美國市場上樹立起物美價廉的良好形象，終於打進了美國市場。

接著，日本研究了美國汽車的製造技術、設計優缺點、消費者的口味以及市場環境後，於六〇年代初推出「藍鳥」汽車，也成功打進美國市場。其他日本汽車公司見機也相繼湧入美國。

打入美國市場後，日本汽車公司並不滿足，他們不斷研發改進，提高品質、滿足顧客的需求，因而不斷擴大市場佔有率。

五〇年代，美國人瞧不起日本貨，「汽車王國」的統治者們根本不必擔心日本汽車的競爭。他們盲目自大，認為自己製造的汽車「頂呱呱」，也就沒有必要考慮美國顧客的需要。

六〇年代，日本小汽車打入美國市場也未能引起他們的注意。即使在日本小轎車銷量爆增時，底特律還是忙於生產大型豪華轎車。正因底特律毫無防備，結果拱手讓出了小汽車市場，讓日本人如願登陸。

日美汽車戰至今仍激烈進行，戰場不只是在美國，更延燒到歐洲，但美國人要趕上日本人，非短期可辦到，而想把日本汽車公司擠出美國市場已是不可能了。

日本汽車業敢於向先入爲主的美國汽車業挑戰，並能「反客爲主」，取得後發制人的勝利，在於他們瞭解對方的致命弱點——驕傲大意，看準了小汽車市場這個空隙，乘隙出擊，生產出質高價低的小型省油車，從而穩操勝算。

日本對美國汽車戰的勝利，便是商戰「反客爲主」的典型。

破解之道

從字面上講，主是主人，客是賓客。引伸來說，主是主權者、統治者、支配者、主動者、先進者、進攻者，處於主導地位；客是依附者、被統治者、被支配者、被控制者、被動者、追隨者、防守者，處於被主導地位。反客爲主，是處於被主導地位的客，奪取主導地位，替代原來的主，並把原來的主放到客的位置隨意擺弄。因此，它是一種換位法，或者說是奪位法。現實生活中，拍馬屁頗爲盛行。拍馬屁當然是爲了騎上馬，騎上了上司這匹馬，便可以輕而易舉地操縱上司，謀利取益。由此可見，反客爲主需要很多智慧，也需要技巧。

從被動到主動的過程常常有一個轉折的關鍵點，其實雙方的輸贏就在於誰最先爭得這個關鍵點的勝利。如果你佔據主動，那麼在可能會扭轉局勢的關鍵點一定要小心謹愼，將主動權牢牢掌握在手中。

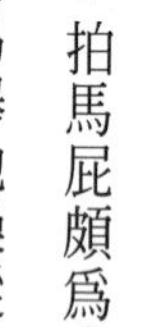

敗戰計

是非成敗有靈犀

不攻雄壯，不攔旗整，不仰高地，不滅誘兵
過山想水，駐址思陽，居高臨下，隱而連通
不明其真，不宜結交，不明其形，不宜出動
圍宜留缺，截避相撞，傷而不逼，死而不揪
對方謙卑，防其進攻，敵方強硬，防其退縮
對方言和，謹防陰謀，貓膩再三，識清引誘
對方濫賞，已無計施，處罰反覆，處境已艱
對方輕利，內部混亂，言語無稽，將士失和

第三十一計　美人計

兵法

兵強者，攻其將，將智者，伐其性。將弱兵頹，其勢自萎。利用禦寇，順相保也。

對於兵力強大的敵人，就攻擊他的將帥；對於有智慧的將帥，就打擊他的意志。將帥鬥志淪喪，兵士頹廢消沈，敵人的氣勢必然會自行萎縮。利用這些方法來控制敵人，可以順利保全自己。

歷史故事

春秋時吳越大戰，勾踐先敗於夫差。吳王夫差罰勾踐夫婦在吳王宮裡服勞役，藉以羞辱他。越王勾踐在吳王夫差面前卑躬屈膝，百般逢迎，騙取了夫差的信任，終於被放回到越國。後來越國趁火打劫，消滅了吳國，逼得夫差拔劍自刎。

那所趁之「火」是怎樣燒起來的呢?原來,勾踐成功地使用了「美人計」。勾踐被釋回越國之後,臥薪嚐膽,不忘雪恥。吳國強大,越國靠武力不能取勝。越大夫文種向越王獻上一計:「高飛之鳥,死於美食;深泉之魚,死於芳餌。要想復國雪恥,應投其所好,衰其鬥志,這樣,可置夫差於死地。」

於是勾踐挑選了兩名絕代佳人西施、鄭旦,送給夫差,並年年向吳王進獻珍奇珠寶。夫差認爲勾踐已經臣服,所以一點也不懷疑。夫差整日與美人飲酒作樂,連大臣伍子胥的勸諫也完全聽不進去。後來,吳國進攻齊國,勾踐還出兵幫吳王伐齊,藉以表示忠心,麻痹夫差。吳國勝利之後,勾踐還親自到吳國祝賀。

夫差貪戀女色,一天比一天嚴重,根本不想過問政事。伍子胥力諫無效,反被逼自盡。勾踐看在眼裡,喜在心中。西元前四八二年,勾踐乘夫差北上會盟之時,突出奇兵伐吳。吳國終於被越所滅,夫差也只能一死了之。

清末,袁世凱稱帝時,爲穩住北洋軍閥要員馮國璋,將袁家貌美未婚的家庭教師送給馮國璋。袁世凱敏銳地感覺到馮國璋反對他的稱帝之舉,故而施出美人計,在馮國璋身邊安插一位間諜夫人,既可讓馮歡夜陶醉,又便於及時掌握馮的動向。這位間諜夫人確實很盡職,透過婢女將馮國璋與各方的往來電報及一切不利於帝制的言行統統傳給了袁世凱。

商戰奇謀

中國歷史上此計多多，西施、王昭君皆是計中美人。廣告推銷三原則「Beauty, Beast, Baby」，以Beauty居首，因爲「愛美之心，人皆有之」。

在現代商業競爭中，處處有「美人計」的身影。現代商用「美人計」具有經濟概念，可統稱爲「美女經濟」，其實就是利用美女的促銷功能。因爲「美人計」要的便是人們的注意力，利用或挑逗人們的「性心理」，愛美之心人皆有之，這種渴求美的慾望，會讓人不知不覺愛屋及烏地延伸到美女促銷的商品上，這便是「美女經濟」的眞諦所在。同理，男性剛強之美，女性陰柔之美，各種文化藝術之美，都可以用來爲商業服務。

在商界，天生麗質也是一種資本。電視廣告中那些搔首弄姿的俊男美女；書刊雜誌封面、商品廣告和掛曆上的美女圖；賓館飯店、企業裡聘用年輕貌美的招待小姐和公關小姐等等，都是商家爲了宣傳自己、拓寬銷路、招攬生意的必要手段。此外，精美的商品包裝、營業場所的裝潢設計，無一不是爲了迎合大衆的審

美需要。

一、美女是廣告中必不可少的重要元素

美女們以「形象代表」、「親善大使」、「產品代言人」的面目出現，在市場上呼風喚雨、備受矚目，也爲廠商建下不少奇功，這些優雅的美女形象具有強烈的視覺衝擊力。對電視台來說，美女的加入可以提高收視率，使廣告不再單調乏味；對商家來說，利用美女做形象代言人可以提高產品的曝光率和購買率；對贊助商來說，美女爲他們帶來了廣泛的廣告效應；而對觀衆來說，看「美女加廣告」要比看純廣告有意思多了。

二、美女可直接產生促銷作用

美女常常出現在「汽車展」、「婚紗秀」、「家具展」等做秀促銷活動中，模特兒用自己的美麗爲商家創造利益。一個活生生的美女站出來，有時只是一個手勢、一個眼神，就勝過千言萬語。

三、選美可直接產生經濟效益

現在許多城市常舉行各類「選美比賽」，連新興的網際網路也有靚女評選活動。這些賽事有文化單位主辦的、有爲選拔藝術人才的、有爲商品做廣告的、有企業贊助的等等，不一而足，都能給活動主辦者創造效益。選美在今日的商業社會，從來就不是孤立的，總不乏背後的經濟驅動誘因。因此，美女做秀與選美經濟之間自然有著某種內在的聯繫。難怪商家們樂此不疲，屢試不爽呢！

四、美容市場商機巨大

美女經濟的發展也帶動了另一系列經濟的發展，天生麗質的美女畢竟是少數，美女經濟效益下，誰都想當美女，愛美之心人皆有之，所以美容美髮業繁榮了，據說，美國每年整容的女性人數高達百萬。當然台灣也不落人後，報刊上滿篇的整容廣告已可見端倪。

商家在運用「美人計」時，要注意社會公德，切不可亂用，過了限度，就成了低俗，使人們產生商家是在藉商品推銷之機，傳播性刺激和低級趣味的印象，引致強烈反感。

同時也要避免喧賓奪主，消費者只顧看美女，忽略了你所要推銷的商品，於是有了「車展怎麼樣？」回答曰：「模特兒很漂亮！」這樣一些牛頭不對馬嘴的對話。用美女做促銷，還要恰如其分，搞噱頭過了頭，本末也就倒置了。

破解之道

美人計，語出《六韜・文伐》：「養其亂臣以迷之，進美女淫聲以惑之。」意思是，對於用軍事行動難以征服的敵方，要使用「糖衣炮彈」，先從思想意志上打敗敵方的將帥，使其內部喪失戰鬥力，然後再行攻取。自古英雄皆好色，若不好色非英雄。連英雄也被美人攻克，爲美人傾倒，可見美色有何等的威力，又是何等地惹人喜愛。於是利用美色來對付他人、謀取利益、達成願望之事，層出不窮，演繹出了種種活潑生動的美人計來。

美人比任何武力都有威力。武力的攻伐帶來仇恨，遭到抵抗。而美色可以消磨敵人意志，侵蝕敵人體力，引起敵人內部矛盾。美人媚眼一丢、細腰一扭，或者柔懷一送，再強的敵人也注定要灰飛煙滅。

施展美人計最重要的就是要讓美人發揮作用，麻痹對方，澆滅對方的敵意，最怕的是對方非好色之徒，這就會使你「賠了夫人又折兵」。

第三十二計　空城計

兵法

虛者虛之，疑中生疑，剛柔之際，奇而復奇。

兵力空虛時，願意顯示防備虛空的樣子，就會使人疑心之中再生疑心。用這種陰弱的方法對付剛強的敵人，是奇法中的奇法。

歷史故事

諸葛亮是中國歷史上第一個成功使用空城計的大師。

自諸葛亮用過之後，空城計傳遍後世。此計是以智謀勝敵的心理戰術，在特殊情況下爲解燃眉之急使用的一種緩兵之計。

諸葛亮聽說馬謖戰敗、街亭失守之後，甚覺情況異常緊急，只好安排臨近街亭的西城兵馬撤軍，以保存實力。諸葛亮安排幾個老弱殘兵於西城外灑掃，全部換上百姓的衣服；並令全城偃旗息鼓，城門大開。諸葛亮端坐於城樓上，安然無

事地撫琴，且面帶微笑。

司馬懿由街亭得勝轉攻西城，一見諸葛亮穩坐城樓，琴聲不亂，不見百姓，城門大開，不免心中生疑。他深知諸葛亮用兵謹愼，斷定城內必設了埋伏，立即傳令後軍作前軍，前軍作後軍，向北山撤退。事實上，司馬懿中了諸葛亮的空城之計。

諸葛亮見司馬懿撤兵而去，撫掌大笑。衆軍士十分不解，諸葛亮道明了原因，並說這是「不得已而用之」。

商戰奇謀

根據「空城計」的原意，該計在經營中可以引申爲：有意顯示自己空虛不足，使多疑的競爭者或顧客錯覺，而利於經營。

在商業經營活動中，利用人們認爲「物以稀爲貴」和越是緊俏短缺的商品越是要設法搶購的心理，以實作虛，告示「存貨不多，賣完爲止，欲購從速」，待到顧客爭相購買時，則變虛爲實，趁機銷售，贏取利潤。

更高明者，則對一些供貨吃緊的物資囤積居奇，佯稱無貨。待物價上漲之後，將庫存品源源不斷地成倍抬價出售，大賺一筆。

諸如此類以短缺、無貨來吊顧客胃口，等待時機出售的經營技巧，其實都源自空城計的啓示。

台灣有一家飲食店，開張營業後，由於資金不夠，沒有錢可做廣告，於是老闆就想了一個辦法。他讓外送店員拿一個寫著自己店名的空箱子，裡面裝著空碗，四處跑來跑去。附近的人看到店員這麼忙碌的跑來跑去，就說：「哦！什麼時候開設了這家食堂呢？看他這樣忙碌的外送，生意可能不錯，我也去吃吃看。」這種假裝忙碌的宣傳方式，收到了效果，各地方都有人來訂菜，使這家飲食店生意蒸蒸的上。

一九八九年二月二十五日，美國新任總統布希訪華，XLL飯店作爲新聞中心，搭著布希總統的順風車，向全世界展示了自己。一九九一年蘇聯前最高領導人戈巴契夫訪華，美國哥倫比亞廣播公司在飯店整整包租了一個樓層三十二個房間，現場直播北京動態。每天晚上的黃金時刻，這家公司的電視節目總是先出現一幅碩大的北京地圖，上面標注兩點：市中心的天安門廣場、西北郊的XLL飯店。節目開始，播音員總是說：「哥倫比亞廣播公司記者在北京XLL飯店向諸位播報新聞。」如此兩三個月，全世界都知道北京有個XLL飯店。一九九一年，XLL飯店相繼接待了日本首相海部俊樹、前英國國務卿舒茲、前美國務卿黑格、前一任美國國務卿貝克。一九九二年聯合國秘書長加利、日本前首相竹下登、印度總統翁卡・塔拉曼相繼在此舉行記者招待會。XLL飯店的名字一次又一次地藉著這些世界政治人物的光環，出現在新聞媒體上。透過一次次惠而不費的廣告，偏居北京西北部，地理位置並不優越的XLL飯店，在北京八家五星級飯店的強手如林競爭中，在北京飯店供過於求的叫苦聲中，一再勝出，獲得巨大經濟效益。

破解之道

空城計的高明之處，就在於它打破了兵法上講的「虛則實之，實則虛之」的法則，反其道而行之，使別人無法猜透其中的奧秘。空城計在軍事上是一種非常冒險的做法，因爲這樣的孤注一擲，如果被對方識破，後果可能十分慘重。但是在並非你死我活的其他活動中，空城計常常有不可估量的作用。

使用空城計有兩個條件，首先，雙方的活動都有一個習慣性的規則，這是空城計使用的基本條件，因爲「空城計」就是違反這樣的規則，反其道行之，才讓對方難以預料。其次，使用者對自己的敵人應該非常瞭解，在不瞭解對方的前提下，空城計有時候會弄巧成拙。諸葛亮就是非常的瞭解司馬懿，他知道司馬懿熟讀兵書，並且生性多疑，才使出空城計。如果諸葛亮遇到的是如同張飛一樣的大將，恐怕就不會那麼僥倖了。

使用空城計是需要膽量的，這種利用人們的心理來嚇唬對方的做法，最怕的就是被對方洞穿眞實的意圖。臥底是最爲直接有效的破解之道，如果對方使用空城計，但是你已經掌握對方的底細，便不會上當。

第三十三計　苦肉計

兵法

人不自害，受害必其。假眞眞假，間以得行。童蒙之吉，順以巽也。

人不會自己傷害自己，若受到傷害，必然是眞。假作眞時眞亦假，離間計就可以實行了。這樣便能如同矇騙幼童一樣矇騙敵方，使他們爲我方操縱。這是吉祥之兆。

歷史故事

《三國演義》中，周瑜打黃蓋——一個願打，一個願挨，這已是人盡皆知的故事了。兩人事先商量好，假戲眞做，自家人打自家人，騙過曹操，詐降成功，火燒了曹操八十三萬兵馬。

春秋時期，吳王闔閭殺了吳王僚，奪得王位。他十分懼怕吳王僚的兒子慶忌爲父報仇。慶忌正在衛國擴大勢力，準備攻打吳國，奪取王位。

闔閭整日提心吊膽，要大臣伍子胥替他設法除掉慶忌。伍子胥向闔閭推薦了一個智勇雙全的勇士，名叫要離。闔閭見要離矮小瘦弱，說道：「慶忌人高馬大，勇力過人，如何殺得了他？」要離說：「刺殺慶忌，要靠智不靠力。只要能接近他，事情就好辦。」闔閭說：「慶忌對吳國防範最嚴，怎麼能夠接近他呢？」要離說：「只要大王砍斷我的右臂，殺掉我的妻子，我就能取信於慶忌。」闔閭不肯答應。要離說：「爲國亡家，爲主殘身，我心甘情願。」

吳都忽然流言四起，說闔閭暴君篡位，是無道昏君。吳王下令追查，原來流言是要離散佈的。闔閭下令捉了要離和他的妻子，要離當面大罵昏君。闔閭假藉追查同謀，未殺要離只是斬斷他的右臂，把他夫妻二人關進監獄。

幾天後，伍子胥讓獄卒放鬆看管，要離乘機逃出。闔閭聽說要離逃跑了，就殺了他的妻子。

這件事不僅傳遍吳國，連鄰近的國家也都知道了。要離逃到衛國，求見慶忌，要求慶忌爲他報斷臂、殺妻之仇，慶忌接納了他。

要離果然接近了慶忌，他勸說慶忌伐吳，並成了慶忌的貼身親信。慶忌乘船向吳國進發，要離乘慶忌沒有防備，從背後用矛盡力刺去，刺穿了其胸膛。慶忌

的衛士要捉拿要離。慶忌說：「敢殺我的也是個勇士，放他走吧！」慶忌後來因失血過多而死。

要離完成了刺殺慶忌的任務，家毀身殘，也自刎而死。

商戰奇謀

這是一場嚴重的交通事故：一輛高級轎車把一名行人的一條腿壓斷。肇事的是丹麥一家啤酒廠老闆，受害者是一名遠道而來的日本人。

受害者被送進醫院後，丹麥老闆說：「很對不起！你異鄉客地，往後怎麼辦呢？」

這位日本人說：「等我傷好了以後，就讓我到你的啤酒廠看門，混碗飯吃吧？」

丹麥老闆一聽對方並不找麻煩，高興極了，趕緊說：「你快養傷吧！好了就給我看門。」

於是，這個日本人養好傷後就當了這家啤酒廠的門衛。

日本人工作非常認眞，對進出廠的貨物檢查十分仔細，贏得了高級員工的信任。他對員工非常謙和，有些員工經常到門衛室小憩、閒談。

三年後，日本門衛賺了一些錢，便辭職回國。丹麥人對他從未有過懷疑。

其實這個日本人是日本的一位大老闆，來丹麥是覬覦當時享譽世界的該廠釀酒技術。但因啤酒廠嚴格保密，不允許隨便參觀。他在啤酒廠周圍轉了三天也不得其門而入。後來，他看到每天早晚都有一部黑色小轎車進出，一打聽，車上坐的正是這家啤酒廠的老闆。他就趁老闆開車出來，處心積慮地製造了那起交通事故，當了工廠門衛。

三年來，他利用工作之便，想盡一切辦法，終於掌握了該廠的原料、設備和技術。

他犧牲了一條腿，換來世界一流的啤酒釀造技術，回國後，成功開設一座頗具規模的啤酒廠。

破解之道

人們都不願意傷害自己，如果說被別人傷害，這肯定是眞的。我方如果以假當眞，敵方肯定信而不疑。這樣才能使苦肉之計得以成功。此計其實是一種特殊

的離間計。運用此計，「自害」是眞，「他害」是假，以眞亂假。己方要造成內部矛盾激化的假象，再派人裝作受到迫害的樣子，藉機鑽到敵人心臟去進行間諜活動。苦肉計首先要付出，俗話說得好：「捨不得孩子套不住狼。」苦肉計要想迷惑對方，騙得對方的信任，就必須裝得惟妙惟肖，沒有半點差錯，等到混入對方內部以後再施展動作。

警察臥底進入敵人的圈子裡，就是一種苦肉計，這些臥底必須把自己裝成朋友一樣，在心理上要承受很大的壓力，可能還要做一些自己不願意做的事情，更重要的是，他們的生命時時刻刻都有危險，因爲他們始終在敵人的包圍之中。使用苦肉計最可怕的就是被對方識破，一旦被識破，苦肉計的結局就會變得很悲慘。

第三十四計　反間計

兵法

疑中之疑，比之自內，不自失也。

在敵方疑陣中佈我方疑陣，即，反用敵方安插在我方的間諜傳遞假情報，打擊敵方：輔助來自內部，便不會導致自己的失敗。

歷史故事

三國時期，赤壁大戰前夕，周瑜巧用反間計殺了精通水戰的叛將蔡瑁、張允，就是個有名的例子。

曹操率領八十三萬大軍，準備渡過長江，佔據南方。當時，孫劉聯合抗曹，但兵力比曹軍要少得多。

曹操的隊伍都由北方士兵組成，善於馬戰，卻不諳水戰。正好有兩個精通水戰的降將蔡瑁、張允可以爲曹操訓練水軍。曹操把這兩個人當作寶貝，優待有

加。

一次，東吳主帥周瑜見對岸曹軍在水中擺陣，井井有條，十分在行，心中大驚。他想要除掉這兩個心腹大患。

曹操一貫愛才，他知道周瑜年輕有為，是個軍事奇才，很想拉攏他。曹營謀士蔣幹自稱與周瑜曾是同窗好友，願意過江勸降。曹操當即讓蔣幹過江說服周瑜。

固瑜見蔣幹過江，一個反間計就已經醞釀成熟了。他熱情地款待蔣幹，酒筵上，周瑜讓守將作陪，炫耀武力，並規定只敘友情，不談軍事，堵住了蔣幹的嘴。

周瑜佯裝大醉，約蔣幹同床共眠。蔣幹見周瑜不讓他提及勸降之事，心中不安，哪裡能夠入睡。他偷偷下床，見周瑜案上有一封信。他偷看了信，原來是蔡瑁、張允寫來，約定與周瑜裡應外合，擊敗曹操。這時，周瑜說著夢話，翻了翻身子，嚇得蔣幹連忙上床。過了一會兒，忽然有人要見周瑜，周瑜起身和來人談話，還裝作故意看看蔣幹是否睡熟。蔣幹裝作沈睡的樣子，周瑜他們小聲談話，聽不清楚，只聽見提到蔡、張二人。於是蔣幹對蔡、張二人和周瑜裡應外合的計畫確認無疑。

他連夜趕回曹營，讓曹操看了周瑜假造的信件，曹操頓時火冒三丈，殺了蔡瑁、張允。等曹操冷靜下來，才知中了周瑜的反間之計，但也無可奈何了。

商戰奇謀

一九七三年，蘇聯人曾在美國說風涼話，說是打算挑選美國的一家飛機製造公司爲蘇聯建造一座世界上最大的噴射客機製造廠，該廠成立後將年產一百架巨型客機。

如果美國公司的條件不合適，蘇聯就改與英國或德國公司做這筆價值三億美元的生意。

美國三大飛機製造商——波音飛機公司、洛克希德飛機公司和道格拉斯飛機公司聞訊後，都想搶到這筆「大生意」。

三家公司背著美國政府，分別和蘇聯方面進行私下接觸。蘇聯在他們之間周旋，讓他們互相競爭，以滿足自己的條件。

波音飛機公司爲了第一個搶到生意，首先同意蘇聯方面的要求：讓二十名蘇

聯專家到飛機製造廠參觀、考察。

蘇聯專家在波音公司被敬爲上賓，不僅仔細參觀飛機裝配線，而且鑽到機密的實驗室裡「認眞考察」。他們先後拍了成千上萬張照片，得到大量的資料，最後還帶走了波音公司製造巨型客機的詳細計畫。

波音公司熱情送走蘇聯專家後，滿心歡喜地等待他們回來簽合約。豈料這些人有如肉包子打狗，一去不回頭。

不久，美國人發現蘇聯利用波音公司提供的技術資料設計製造了伊留森式巨型噴射運輸機。這種飛機的引擎是美國羅爾斯·羅伊斯噴射引擎的仿製品。使美國人不解的是，波音公司在向蘇聯方面提供資料時特意留了一手，並未洩露有關飛機合金材料的秘密，蘇聯製造這種寬機身的合金是怎麼生產出來的呢？

波音公司的技術人員一再回想，才覺得蘇聯專家考察時穿的一種鞋似乎有些異樣，經過查證，秘密果然在這種鞋上。

原來，蘇聯專家穿的是一種特殊皮鞋，其鞋底吸住從飛機零件上切削下來的金屬屑。他們把金屬屑帶回去一分析，就得到了製造合金的秘密。

這一招使得一向精明的波音公司叫天不應，有苦難言。

美國波音公司這樁「失密」案啓發了我們：市場競爭和對外貿易在現代高科技下，詭詐之術花樣繁多，觸目驚心。身爲企業經營者應努力學會識間、防間、反間，積極迎接商品競爭的挑戰。

破解之道

反間計是指在疑陣中再布疑陣，使敵方內部的人歸附於我，我方就可萬無一失。也就是巧妙利用敵人的間諜反過來爲我所用。在戰爭中，雙方使用間諜，是十分常見的。《孫子兵法》就特別強調間諜的作用，認爲將帥打仗必須事先瞭解敵方的情況。要準確掌握敵方的情況，不可靠鬼神，不可靠經驗，「必取於人，知敵之情者也。」這裡的「人」，就是間諜。

《孫子兵法》專門有一篇《用間篇》，指出間諜有五種。利用敵方鄉里的普通人作間諜，叫因間；收買敵方官吏作間諜，叫內間；收買或利用敵方派來的間諜爲我所用，叫反間；故意製造和洩露假情況給敵方的間諜，叫死間；派人去敵方偵察，再回來報告情況，叫生間。唐代杜牧對反間計解釋得特別清楚，他說：「敵有間來窺我，我必先知之，或厚賂誘之，反爲我用；或佯爲不覺，示以爲情而

縱之，則敵人之間，反爲我用也。」

反間計要做得神不知鬼不覺，要讓對方眞正產生矛盾，這時候其實就可以借刀殺人了。皇太極就是使用反間計，利用崇禎皇帝殺死了袁崇煥，周瑜就是使用反間計，使得曹操殺了蔡瑁、張允，可見反間計的威力的確驚人。要想不被對方利用，一定要頭腦冷靜，不能根據一句謠言就做出判斷來。反間計有時候無聲無息，天衣無縫，就是曹操這樣的梟雄也會被人利用，所以要想完全避免中別人的反間計是不可能的，只能保持頭腦冷靜，在事情眞相不明之前不能隨便做出判斷，自己情緒激動的時候也不能做出決定。

第三十五計　連環計

兵法

將多兵寡，不可以敵，使其自累，以殺其勢。在師中去，如天寵也。

敵人兵多將廣，不可與之硬拼，應設法讓他們自相牽制，以削弱他們的實力。三軍統帥如果用兵得法，就會像有天神保佑一樣，輕而易舉地戰勝敵人。

歷史故事

赤壁大戰時，周瑜巧用反間計，讓曹操誤殺了熟悉水戰的蔡瑁、張允，又讓龐統向曹操獻上鎖船之計，再用苦肉計讓黃蓋詐降。三計連環，打得曹操大敗而逃。

在「反間計」一章，我們講了周瑜讓曹操誤殺蔡瑁、張允二將，曹操後悔莫及，更重要的是，曹營再也沒有熟悉水戰的將領了。

東吳老將黃忠見曹操水寨船隻一艘挨一艘，又無得力之人指揮，建議周瑜用

火攻曹軍，並自願去詐降，趁曹操不備，放火燒船。周瑜說：「此計甚好，只是將軍去詐降，曹賊肯定生疑。」黃蓋說：「何不使用苦肉計？」周瑜說：「那樣，將軍會吃大苦。」黃蓋說：「爲了擊敗曹賊，我甘願受苦。」

第二日，周瑜與衆將在營中議事。黃蓋當場頂撞周瑜，罵周瑜不識時務，並極力主張投降曹操。周瑜大怒，下令將黃蓋推出斬首。衆將苦苦求情：「老將軍功勞卓著，請免一死。」周瑜說：「死罪既免，活罪難逃。」命令重打一百軍棍，打得黃蓋鮮血淋漓。

黃蓋私下派人送信給曹操，信中大罵周瑜，表示一定會尋找機會前來降曹。曹操派人打聽，黃蓋確實受刑，正在養傷。他半信半疑，於是派蔣幹再次過江察看虛實。

周瑜這次見了蔣幹，指責他盜書逃跑，壞了東吳的大事。問他這次過江，又有什麼打算。周瑜說：「莫怪我不念舊情，先請你住到西山，等我大破曹軍之後再說。」把蔣幹給軟禁起來。其實，周瑜想再次利用這個過於自作聰明的呆子，所以名爲軟禁，實際上又在誘他上當。

一日，蔣幹心中煩悶，在山間閒逛。忽然聽到從一間茅屋中傳出琅琅讀書聲。蔣幹進屋一看，見一隱士正在讀兵法，攀談之後，知道此人是名士龐統。他說周瑜年輕自負，難以容人，所以隱居在山裡。蔣幹果然又自作聰明，勸龐統投奔曹操，誇耀曹操最重視人才，先生此去，定得重用。龐統應允，並偷偷把蔣幹引到江邊僻靜處，坐一小船，悄悄駛向曹營。

蔣幹哪裡會想到又中周瑜一計！原來，龐統早與周瑜謀畫好了，故意向曹操獻鎖船之計，讓周瑜火攻之計更顯神效。

曹操得了龐統，十分歡喜，言談之中，很佩服龐統的學問。他們巡視了各營寨，曹操請龐統提提意見。龐統說：「北方兵士不習水戰，在風浪中顛簸，肯定受不了，怎能與周瑜決戰？」曹操問：「先生有何妙計？」龐統說：「曹軍兵船衆，數倍於東吳，不愁不勝。爲了克服北方兵士的弱點，何不將船隻連起來，平平穩穩，如在陸地之上。」曹操果然依計而行，將士們都十分滿意。

一日，黃蓋在快艦上載滿油、柴、硫、硝等引火物資，遮得嚴嚴實實。他們按事先與曹操聯繫的信號，插上青牙旗，飛速渡江詐降。這日刮起東南風，正是周瑜他們選定的好日子。曹營官兵，見是黃蓋投降的船隻，並不防備。忽然間，黃蓋的船上火勢熊熊，直沖曹營。風助火勢，火乘風威，曹營水寨的大船一艘連

著一艘，想分也分不開，一齊著火，越燒越旺。周瑜早已準備好快船，駛向曹營，殺得曹操數十萬人馬一敗塗地。曹操本人倉皇逃奔，撿了一條性命。

商戰奇謀

現代企業的經營，由於競爭的壓力和擴充的慾望，只要有機會，最後必然會朝多角化、多元化的關係企業或連鎖經營方向發展。

企業爲了壯大聲勢，贏得消費者信賴，擁有越多的關係企業，才能顯示企業財力和實力的堅強。又爲了充分佔領市場，許多行業設立連鎖店，已成爲必然趨勢。

國外許多財團都有數不清的關係企業。這些關係企業雖然財務、人事、經營生產都各自獨立，但在許多方面仍然互相支援，互通有無，顯示企業的規模和經營者的才略。

近年來，連鎖企業如雨後春筍般地成立，不管他們是以什麼樣的方式結盟，都是在統一的招牌下經營。這樣，不僅可以聲勢浩大，符合經濟規模，而且在管理上也可獲得較大的利益和較高的效率。

這種關係企業的發展和連鎖連銷的結合，都是一種「連環計」，像鎖鍊一樣，一圈一圈地串在一起，形成唇齒相依、榮枯與共的密切關係。

一般說來，開店做生意，不論開什麼店，都要找熱鬧的地段，因爲熱鬧的地方才有人潮聚集往來，而人潮必然帶來錢潮。然而，如何彙聚人潮呢？這就有賴「連環計」的運用了。

所謂「連環計」，用在商戰上，即「結市」。如果商店是孤零零的一家，能吸引的人潮一定有限，若有衆多的商店相聚或毗連；自然可以創造人潮。百貨公司、地攤夜市的人潮多，也是集合了多數商店匯聚而成的。

所以，當商店只是一家、一個眼或一個點，這個眼必須做成活眼，這個點必須想辦法使之連成一條線，構成一個面，財源才能滾滾而進。

有些大百貨公司像孤立在海上的小島，突出固然突出，但難吸引衆多的人潮。這家百貨商店若要免於沒落或被淘汰的命運，除了走「專業」的路線外（例如，將百貨改爲專賣「女性服飾」爲重點），就只有想辦法運用連環計了。

亦即，在它的附近再吸引一、二家大型百貨公司成立，才可能構成有吸引力的商圈，形成一個人潮活絡、出入衆多的面，構成人們逛街購物必然會想到的一個環。

人們逛街購物習慣湊熱鬧，喜歡到有較多選擇的地方，電影院、速食店、咖啡廳、小吃、地攤，一應俱全，任君選擇。而所謂的商圈觀念，事實上就是「連環計」運用下的結晶。

破解之道

連環計，指多計並用，計計相連，環環相扣，一計累敵，一計攻敵，任何強敵無攻不破。此計正文的意思是說，如果敵方力量強大，就不要硬拚，而要用計使其產生失誤，藉以削弱敵方的戰鬥力。巧妙地運用謀略，就如有天神相助。此計關鍵是要使敵人「自累」，就是指自己害自己，使其行動盲目。這樣來，就爲圍殲敵人創造了良好的條件。

連環計的使用是有條件的，首先是敵人的情況已經千瘡百孔，使你有很多機會進攻。這個時候使用連環計如同行雲流水，讓敵人毫無喘息之機。

但如果時機不成熟，就算連環計設計得十分精妙也沒有施展的餘地，如果對方步步爲營，守得滴水不漏，連環計根本發揮不了任何作用。避免中連環計的最重要方法就是及時修正自己的缺點，不讓敵人有可趁之機。

第三十六計　走爲上策

兵法

全師避敵，左次無咎，未失常也。

爲了保全軍事實力，退卻避強。雖退居次位，但免遭災禍，這也是一種常見的用兵之法。

歷史故事

春秋初期，楚國日益強盛，楚將子玉率師攻晉。楚國還脅迫陳、蔡、鄭、許四個小國出兵，配合楚軍作戰。此時晉文公剛攻下依附於楚國的曹國，深知晉楚之戰不可避免。

子玉率軍浩浩蕩蕩向曹國進發，晉文公聞訊，分析了形勢。他對這次戰爭的勝敗沒有把握，楚強晉弱，其勢洶洶，他決定暫時後退，避其鋒芒。於是對外假意說道：「當年我被迫逃亡，楚國先君對我以禮相待。我曾與他有約定，將來如

我返回晉國，願意兩國修好。如果迫不得已，兩國交兵，我定先退避三舍。現在，子玉伐我，我當實踐諾言，先退三舍（古時一舍爲三十里）。」

他撤退九十里，既臨黃河，又靠著太行山，相信足以禦敵。他又事先派人前往秦國和齊國求助。

子玉率軍追到城濮，晉文公早已嚴陣以待。晉文公已探知楚國左、中、右三軍，以右軍最薄弱。右軍前頭爲陳、蔡士兵，他們本是被脅迫而來，並無鬥志。子玉命令左右軍先進，中軍繼之。楚右軍直撲晉軍，晉軍忽然撤退，陳、蔡軍的將官以爲晉軍懼怕才要逃跑，就緊追不捨。忽然，晉軍中殺出一支軍隊，拉車的馬都蒙著老虎皮。陳、蔡軍的戰馬以爲是眞虎，嚇得四處逃竄，騎兵哪裡控制得住。

楚右軍大敗，晉文公派士兵假扮陳、蔡軍士，向子玉報捷：「右師已勝，元帥趕快進兵。」子玉登車一望，晉軍後方煙塵蔽天，他大笑道：「晉軍不堪一擊。」

其實，這是晉軍的誘敵之計，他們在馬後綁上樹枝，來往奔跑，故意弄得煙塵蔽日，製造假象。子玉急命左軍並力前進，晉軍上軍故意打著帥旗往後撤退。

楚左軍又陷於晉軍伏擊圈內，遭到殲滅。等子玉率中軍趕到，晉軍三軍合力已把子玉團團圍住。子玉這才發現，右軍、左軍都已被殲，自己陷重圍，急令突圍。雖然他在猛將成大心的護衛下逃得性命，但部隊傷亡慘重，只得悻悻回國。

晉文公的幾次撤退，都不是消極逃跑，而是主動退卻，尋找或製造勝機。所以，有時「走」是上策。

商戰奇謀

一九六四年，日本松下通信工業公司突然宣佈不再做大型電腦。

大家對這項決定的發表都感到震驚。松下已花了五年時間研究開發，投下十多億日圓鉅額研究費用，眼看著就要進入最後階段，卻突然全盤放棄。再說，松下通信工業公司的經營也很順利，沒有財政困難，所以令人十分費解。

松下幸之助所以會這樣斷然決定，是有其考慮的。他認爲當時的商用大型電腦市場競爭相當激烈，萬一不慎而有差錯，將對松下通信工業公司產生不利影響，到那時再撤退，就爲時已晚了，不如趁現在一切都尙有可爲時撤退，才是最好的時機。

事實上，像西門子、RCA這種世界性公司，都陸續從大型電腦的生產撤退，廣大的美國市場幾乎全被IBM獨佔。一個強而有力的公司獨佔市場就綽綽有餘了，更何況是日本這樣一個小市場呢？

這樣一個小市場，富士通、日立電器等七家公司都急著搶灘，也都投入了相當多的資金，等於賭下整個公司的命運。在這場競爭中，松下也許會生存下來，也許就此消失。松下衡量得失後，終於決定撤退。

交戰時，撤退是最難的，如果無法勇敢喊撤退，或許就會受到致命的打擊。松下勇敢實行一般人都無法理解的撤退哲學，將「走為上計」運用自如，可見其眼光高人一等，不愧為日本商界首屈一指的「經營之神」。

「走」或「不走」有時的確要費一番思量。該走的時候不走，不該走的時候又走了，都會徒留憾恨。所以，「走」也是一門藝術，既要掌握時機，也要靠點運氣，才能走得正是時候，走得理直氣壯。

例如，一九九五年中國北京服裝廠是一個只有百餘人的企業，產品一度滯銷，資金無法周轉，生產幾乎處於癱瘓狀態，怎麼辦？負責人從市場調查中發現，服裝行業強手如林，競爭激烈，本廠的生產設備和技術力量薄弱，難以與其抗衡，如果繼續生產服裝，勢必走向絕境，無疑於「以卵擊石」。於是，他們根據市場情況和自家條件，轉爲以手工操作爲主、大企業不願意生產的心型酒巧克力爲業務。產品拿到市場試銷，訂戶蜂擁而至。當月投資生六產有盈餘，讓企業起死回生。

破解之道

走爲上策，是指在敵我力量懸殊的不利形勢下，採取有計畫的主動撤退，避開強敵，尋找戰機，以退爲進。這在謀略中也是上策。嚴格來講，走爲上策不能算是一種計謀，因爲打不過就走是一種常識，之所以被稱爲計謀，是因爲很多人常常會犯錯誤，在自己無法戰勝對手的時候還不懂得走。走是一種藝術，不是落荒而逃，要運用智謀全身而退。

要走的或應走的情形千千萬萬，這裡僅概括地講述幾種：

在我方與敵方的較量中，如果我方處於劣勢，硬拼是雞蛋碰石頭，沒有生路；屈服則受制於他人，更不可能有生路。惹不起，躲著走，方是求生求存、求復興的上策。留得青山在，不怕沒柴燒；「三十年河東，三十年河西」，這叫「走

著瞧」。

建功立業，是千百年來不少人的人生夢想，在夢想的感召下，湧現出許多英雄豪傑，他們的確創立了豐功偉績。但是，傑出的業績經常是危險的。飛鳥盡，良弓藏；狡兔死，走狗烹；敵國滅，謀臣忘；功蓋天下者不賞，聲名震主者身敗。韓信、岳飛、李善長等一大批仁人志士不解這其中的奧秘，因此被殺。張良、范蠡、韓世忠、石守信等智者深明上述道理，急流勇退，去官歸隱，因此苟全性命，更以廣闊的胸懷，贏得後人景仰。這種走法，叫「功成身退」。

還有一種走計，稱爲「棄權」，常用於各種政治場合。在評比、選舉或決策中，各路人馬爭權奪利，都試圖以自己的意志左右局勢；弱小者哪一方都得罪不起，或者雖然強大，但哪一路神仙也不敢得罪，便宣稱放棄參與表態的權利，在保留意見的同時，保留了其他許多東西，說不定還能坐收漁翁之利。

一般而言，人們不會對自己的對手趕盡殺絕，如果一定要置對方於死地，就要防止對方逃走，關門打狗，切斷敵人的退路以消滅對方。

國家圖書館出版品預行編目資料

老鳥不教的36條商戰心法／克羅亞著.
－－第一版－－ 台北市：知青頻道出版；
紅螞蟻圖書發行，2010.08
面　　公分－－
ISBN 978-986-6276-22-4（平裝）

1.企業管理 2.謀略

494　　　　　99010820

老鳥不教的36條商戰心法

作　　者／克羅亞
美術構成／Chris' office
校　　對／周英嬌、楊安妮、朱慧蒨
發 行 人／賴秀珍
榮譽總監／張錦基
總 編 輯／何南輝
出　　版／知青頻道出版有限公司
發　　行／紅螞蟻圖書有限公司
地　　址／台北市內湖區舊宗路二段121巷28號4F
網　　站／www.e-redant.com
郵撥帳號／1604621-1　紅螞蟻圖書有限公司
電　　話／(02)2795-3656（代表號）
傳　　眞／(02)2795-4100
登 記 證／局版北市業字第796號
港澳總經銷／和平圖書有限公司
地　　址／香港柴灣嘉業街12號百樂門大廈17F
電　　話／(852)2804-6687
法律顧問／許晏賓律師
印 刷 廠／鴻運彩色印刷有限公司
出版日期／2010年 8 月　第一版第一刷

定價 220 元　港幣 73 元

ISBN 978-986-6276-22-4　　**Printed in Taiwan**